U0156320

数学写真集（第 1 季）
——无需语言的证明

〔美〕Roger B. Nelsen　编
肖占魁　徐沙凤　译
范兴亚　　　译校

机 械 工 业 出 版 社

本书由131幅“无需语言的证明”的图片组成，每幅图片的下面列出了该图片要“证明”的数学结论。当从一幅图片中悟出为何该图片证明了相应的数学结论时，读者便能够体会到数学绝妙的美，所以这本书叫做数学写真集。书中的素材选取自国际顶尖数学杂志。

本书可作为数学爱好者的休闲读物，也可作为学生的课外参考书，还可作为中学和大学数学教师的教学素材。

图书在版编目（CIP）数据

数学写真集. 第1季，无需语言的证明/(美) 尼尔森编；肖占魁，徐沙凤译. —北京：机械工业出版社，2014.1（2024.12重印）

ISBN 978-7-111-44774-0

Ⅰ.①数… Ⅱ.①尼…②肖…③徐… Ⅲ.①数学-通俗读物 Ⅳ.①01-49

中国版本图书馆CIP数据核字（2013）第270751号

机械工业出版社（北京市百万庄大街22号 邮政编码100037）

策划编辑：韩效杰 责任编辑：韩效杰 汤 嘉

版式设计：霍永明 责任校对：姜 婷

封面设计：路恩中 责任印制：单爱军

北京虎彩文化传播有限公司印刷

2024年12月第1版第13次印刷

169mm×239mm·10印张·189千字

标准书号：ISBN 978-7-111-44774-0

定价：39.00元

电话服务

客服电话：010-88361066

010-88379833

010-68326294

网络服务

机 工 官 网：www.cmpbook.com

机 工 官 博：weibo.com/cmp1952

金 书 网：www.golden-book.com

机工教育服务网：www.cmpedu.com

封底无防伪标均为盗版

前　言

“无需语言的证明”（Proof Without Words，简称 PWWs）在由美国数学协会出版的杂志，尤其是《数学杂志》和《数学校刊》中早已广为人知。大约在 1975 年，PWWs 开始出现在《数学杂志》中，一位编辑注意到在该杂志 1976 年 1 月发行的刊物中，J. Arthur Seebach 和 Lynn Arthur Steen 为 PWWs 做出了很大的贡献。尽管征文的初衷是用于文章最后的补充材料，然而编辑们继续追问到“有什么比用插图来展现一个个重要的数学知识点更好的主意呢?”

早在几年前，Martin Gardner 在其著名的由美国科学杂志 1973 年 10 月发行的《数学游戏》专栏中讨论过 PWWs 就是“观察”图形。Gardner 指出“在很多情况下，沉闷的证明可以辅以几何模拟，而且这是如此简单、美丽以至于瞬间就可以看到定理的真相。”这明显地说明词典中引用到的“观察”常常就是“理解”的意思。

同样，在 20 世纪 80 年代的大部分时间中《数学校刊》杂志在一些评注性的文章中提到“杂志也征集其他类型的文章，特别是：无需语言的证明，数学诗歌，引用，……”。但 PWWs 并不是最近提出的概念——它们有很长的历史。事实上，在本书中你会发现许多来自古代中国、古希腊和 12 世纪印度的无需语言的证明的现代版演绎。

当然，“无需语言的证明”不是真正意义上的证明。正如 Theodore Eisenberg 和 Tommy Dreyfus 在他们的文章《关于勉强可视化数学》（数学教学可视化，MAA 19）中标注的那样，一些人认为这种视觉论据价值不大，并且“有且仅有一种方式将数学与 PWWs 联系起来的想法是不被接受的”。但是具有相反观点的 Eisenberg 和 Dreyfus 则给我们提供了关于这一主题的下列说法：

Solomon Lefschetz（数学年鉴 Annals 的编辑）说，Paul Halmos 曾讲“数学不是逻辑而是图片”。对于如何才能成为一个数学家，他曾讲到：“要想成为一位数学学者必须要有与生俱来的想象力”，而且很多老师也尝试拓展学生的这种能力。George Pólya 的“画个图”是教育学的经典建议，Einstein 和 Poincaré 认为我们应该利用视觉直觉的观点也是众所周知的。

所以，如果“无需语言的证明”不是证明，那它们是什么？正如从本书收集的结果中你将看到的那样，这个问题没有一个简单明确的答案。但是一般来说，PWWs 是图片或者是图形，它可以用来帮助我们明白为什么某个特殊论述可能是正确的，并且该怎样去证明它是正确的。在一些例子中，也可以通过一两个方程来证明结果，但重点是通过视觉线索可以提高我们的数学思维。

需要指出的是此书中收集到的 PWWs 并不完整。它没有囊括所有已出版的 PWWs，只是一些类型的代表。此外，数学协会期刊的读者都知道，新的 PWWs 出现得相当频繁，我预计还会继续整理 PWWs 的相关内容。可能某天有关 PWWs 的第二本书也会问世！

我希望这本书的读者能够享受到发现与再发现某种数学思想所展示的唯美的视觉魅力；老师也能够和学生分享这方面的体会；并且所有人都能够尝试创造新的“无需语言的证明。”

致谢：在此我想表达我对参与此书出版的人们的感激与感谢：感谢《数学杂志》的编辑，Gerald Alexanderson 和 Martha Siegel 多年来对我阅读写作 PWWs 所给予的鼓励；感谢 Doris Schattschneider，Eugene Klotz 和 Richard Guy 与我分享了他们所收集到的 PWWs 的相关成果；最后还要感谢将“无需语言的证明”写成数学文献的所有人（名字见引文 149 ~ 150 页），没有他们的工作，也就没有本书。

注记：书中所有图形为了形成一个统一的外观重新描绘过。在一些例子中名称改变了，并且为了更清楚，增加（减少）了一些阴影和符号。在这一过程中的任何错误都是我的责任。

Roger B. Nelsen
路易克拉克大学
俄勒冈州，波特兰

目　　录

几何与代数

勾股定理 I

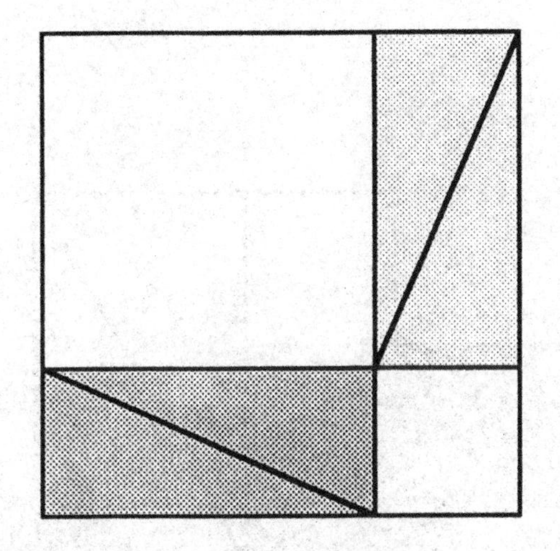

——改编自《周髀算经》(作者不详，大约公元前 200 年?)

译注：勾股定理即直角三角形的两直角边的平方和等于斜边的平方，即 $a^2+b^2=c^2$，也称为毕达哥拉斯定理。

勾股定理 Ⅱ

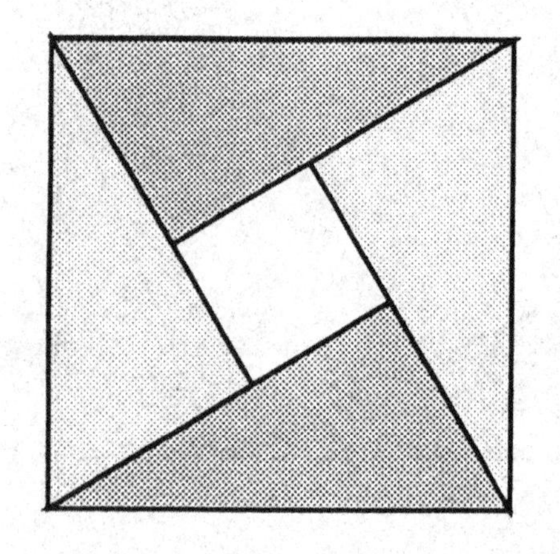

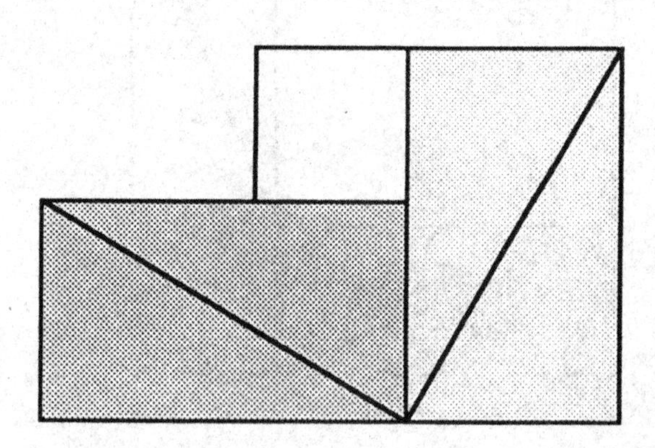

——婆什迦罗（Bhāskara）（12 世纪）

勾股定理Ⅲ

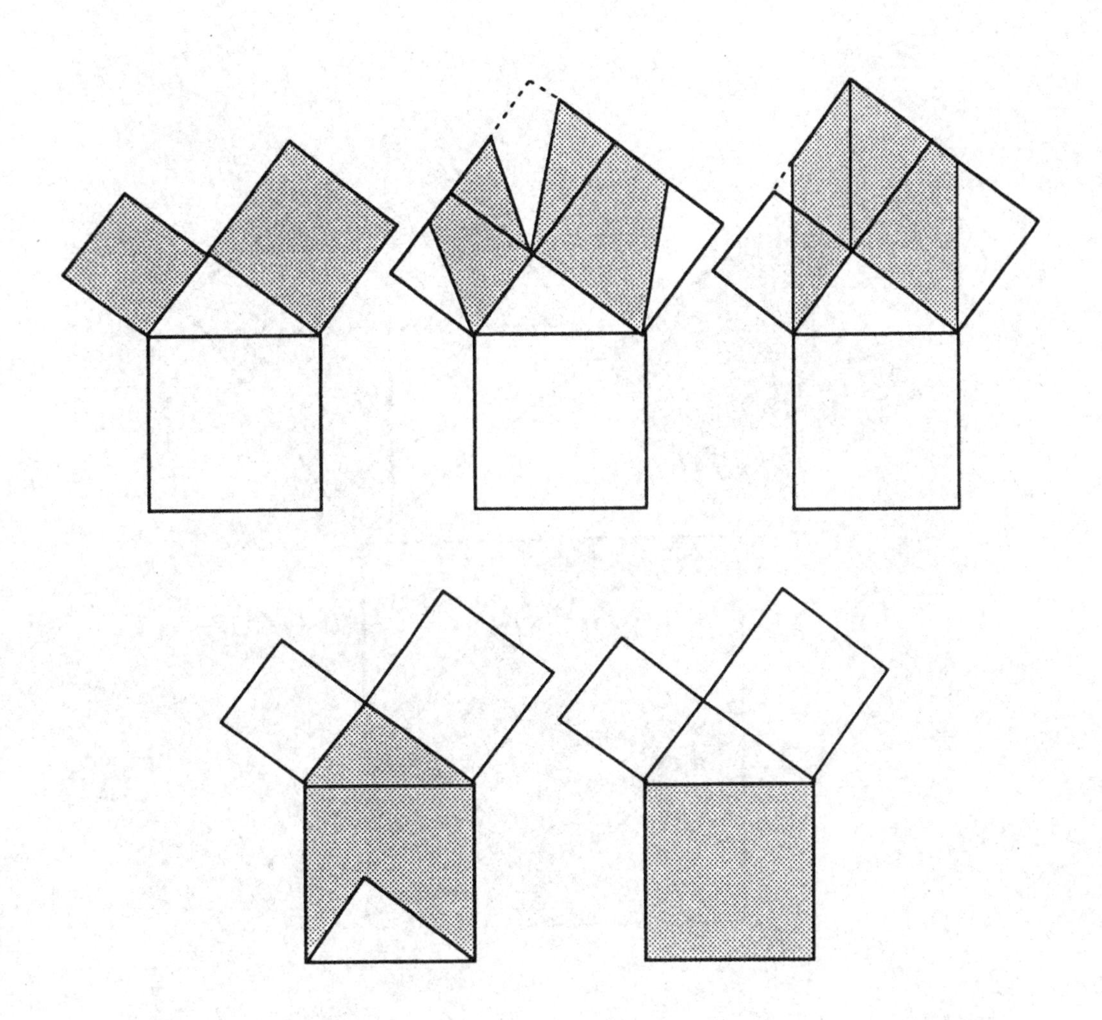

——基于欧几里得（Euclid）的证明

勾股定理Ⅳ

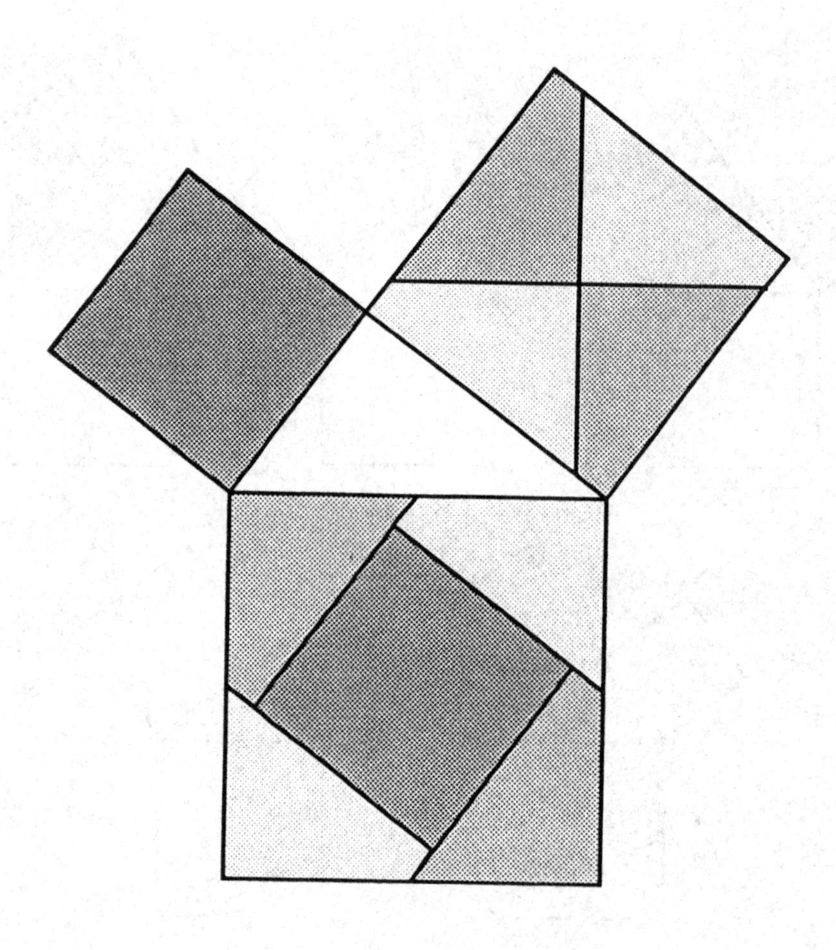

——亨利·佩里加尔（Henri Perigal）（1873）

勾股定理 V

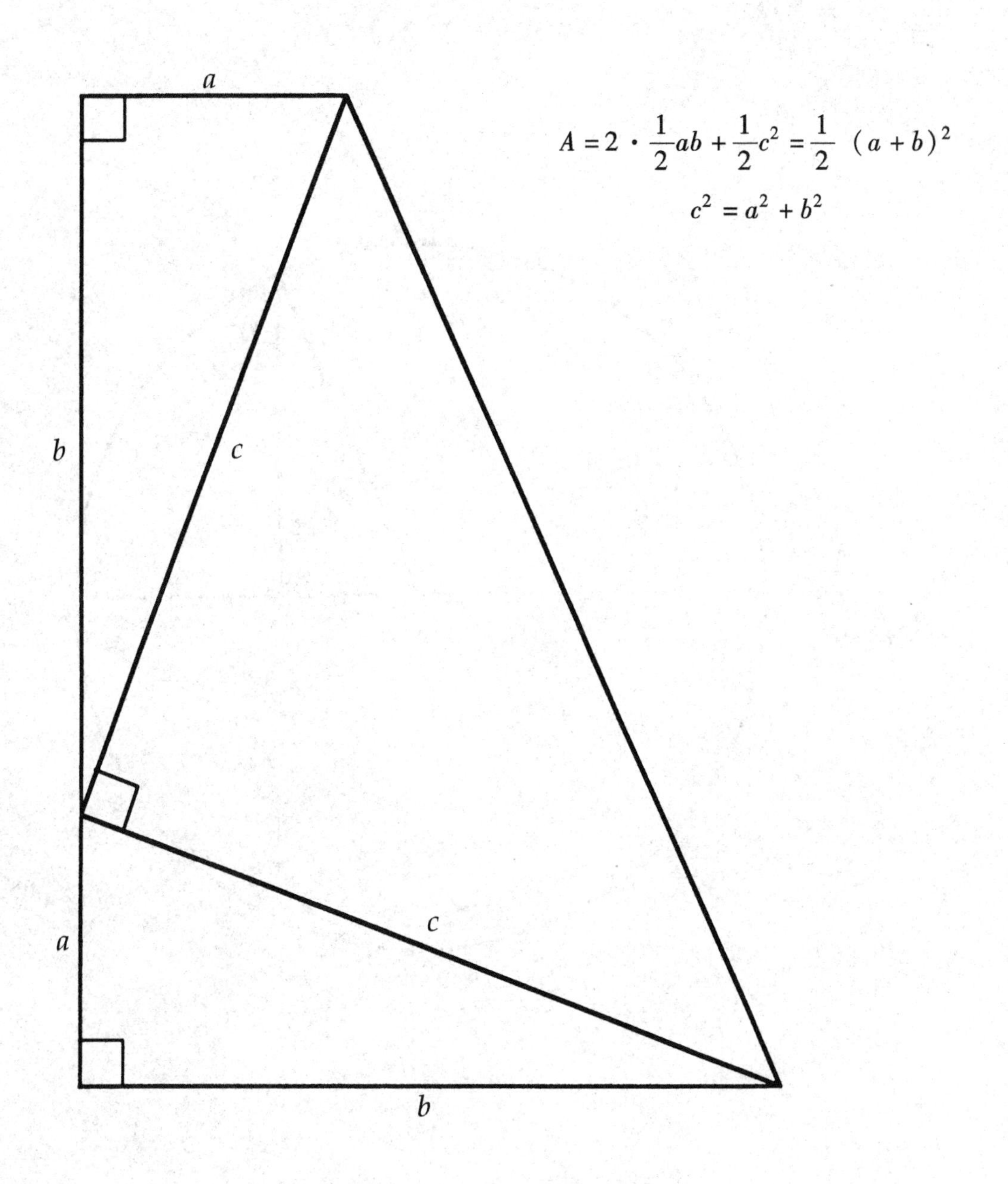

$$A = 2 \cdot \frac{1}{2}ab + \frac{1}{2}c^2 = \frac{1}{2}(a+b)^2$$

$$c^2 = a^2 + b^2$$

——詹姆斯 A. 加菲尔德（James A. Garfield）（1876）
第 20 届美国总统

勾股定理 VI

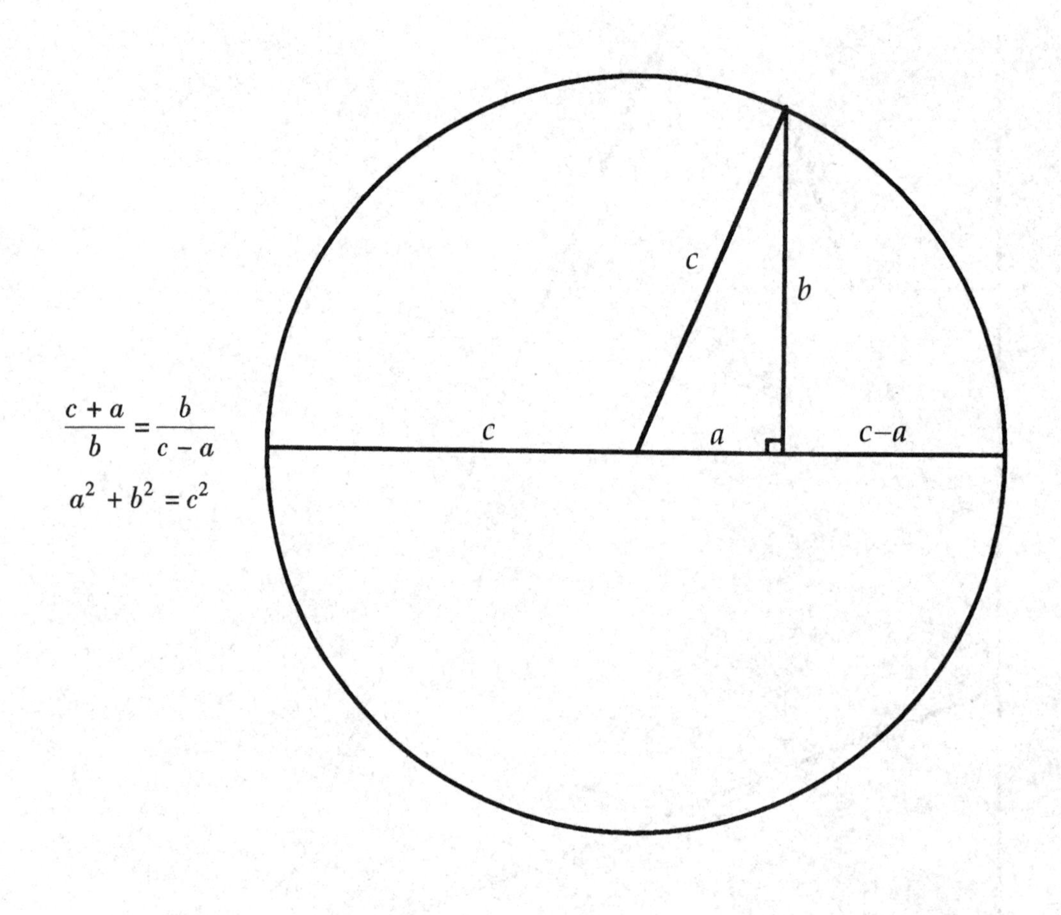

$$\frac{c+a}{b}=\frac{b}{c-a}$$

$$a^2+b^2=c^2$$

——迈克尔·哈代（Michael Hardy）

译注：第一个等式是根据相似三角形对应边成比例得到的。

毕达哥拉斯定理：$a \cdot a' = b \cdot b' + c \cdot c'$

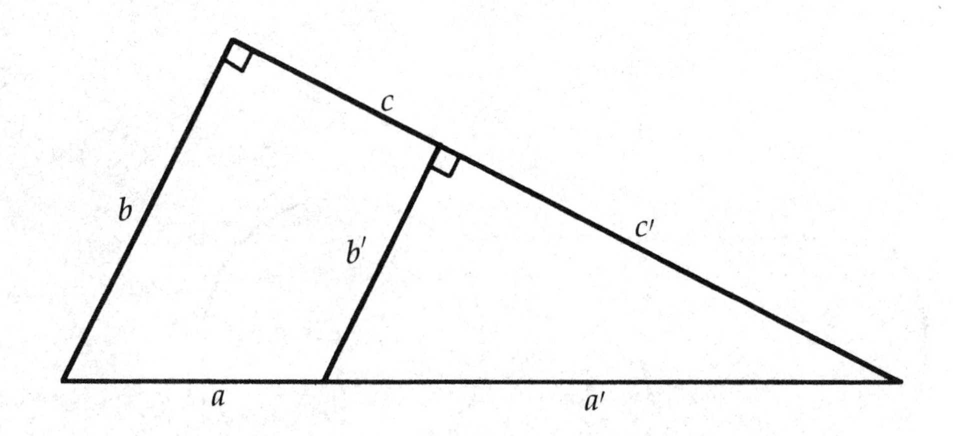

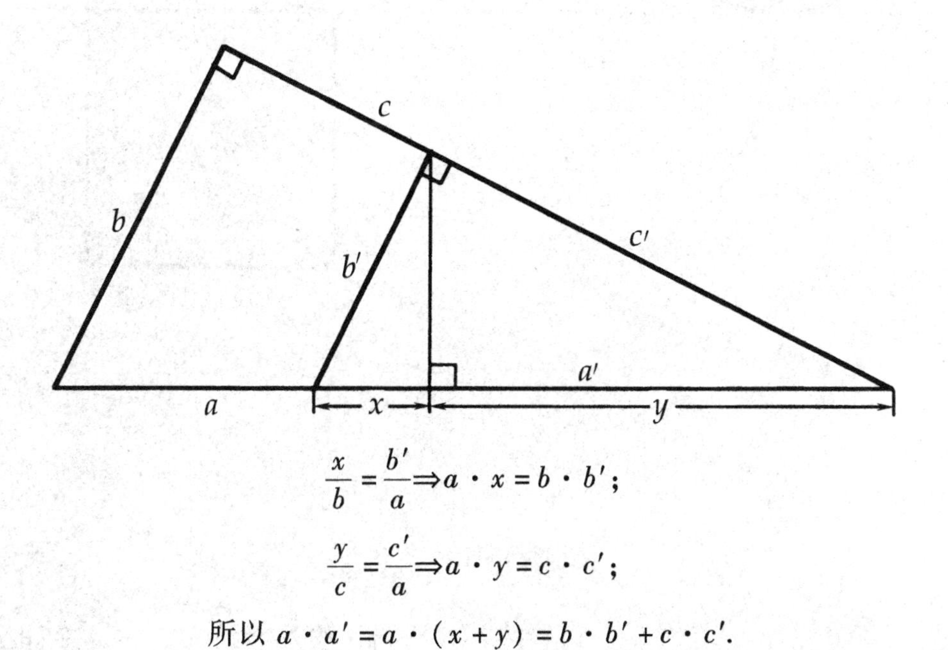

$$\frac{x}{b} = \frac{b'}{a} \Rightarrow a \cdot x = b \cdot b';$$

$$\frac{y}{c} = \frac{c'}{a} \Rightarrow a \cdot y = c \cdot c';$$

所以 $a \cdot a' = a \cdot (x + y) = b \cdot b' + c \cdot c'$.

——恩佐 R. 詹蒂莱（Enzo R. Gentile）

滚圆面积

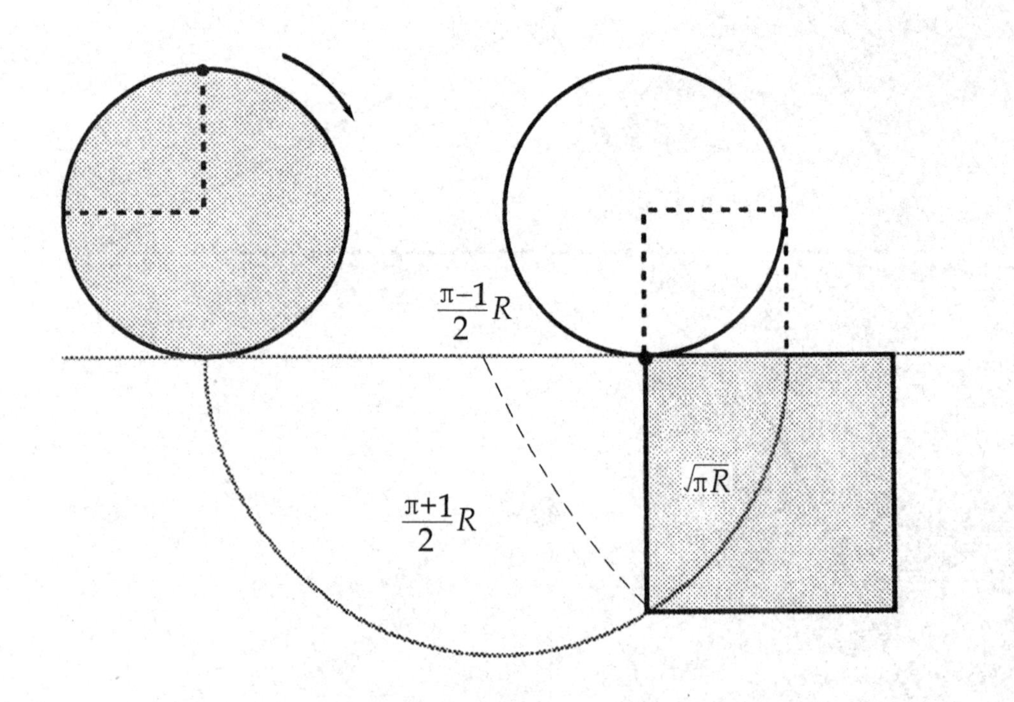

——托马斯·埃尔斯纳（Thomas Elsner）

译注：假设圆的半径为 R，那么下面的半圆的半径为$\frac{\pi+1}{2}R$，利用勾股定理得到正方形的边长为 $\sqrt{\pi R}$，面积为 πR^2，所以两边的阴影部分面积相等。

三等分一个角

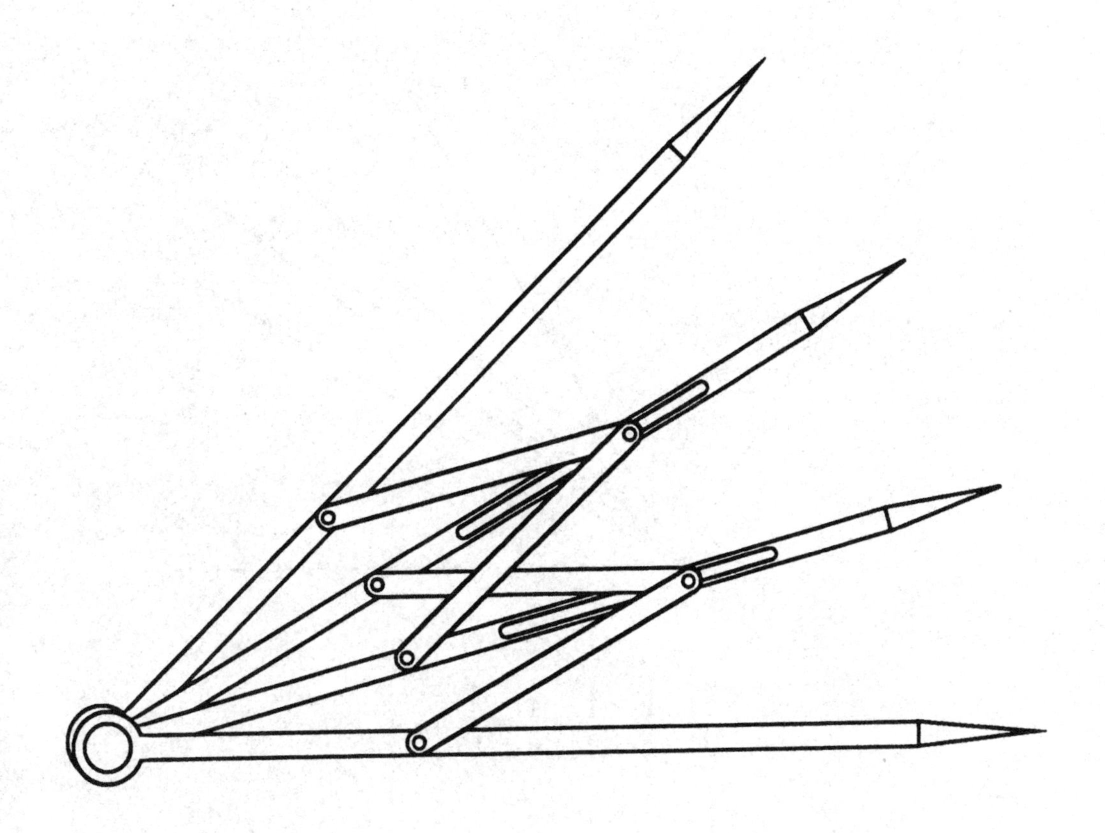

——鲁弗斯·艾萨克斯（Rufus Isaacs）

无限步三等分一个角

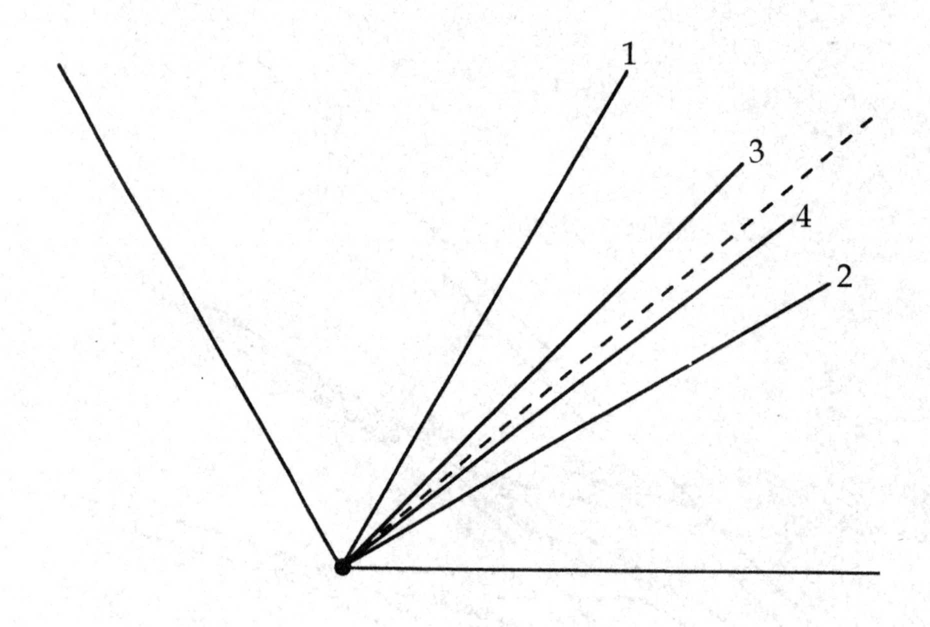

$$\frac{1}{3}=\frac{1}{2}-\frac{1}{4}+\frac{1}{8}-\frac{1}{16}+\cdots$$

——埃里克·钦卡农（Eric Kincanon）

译注：图形中标注的数字表示步骤。

三等分一条线段

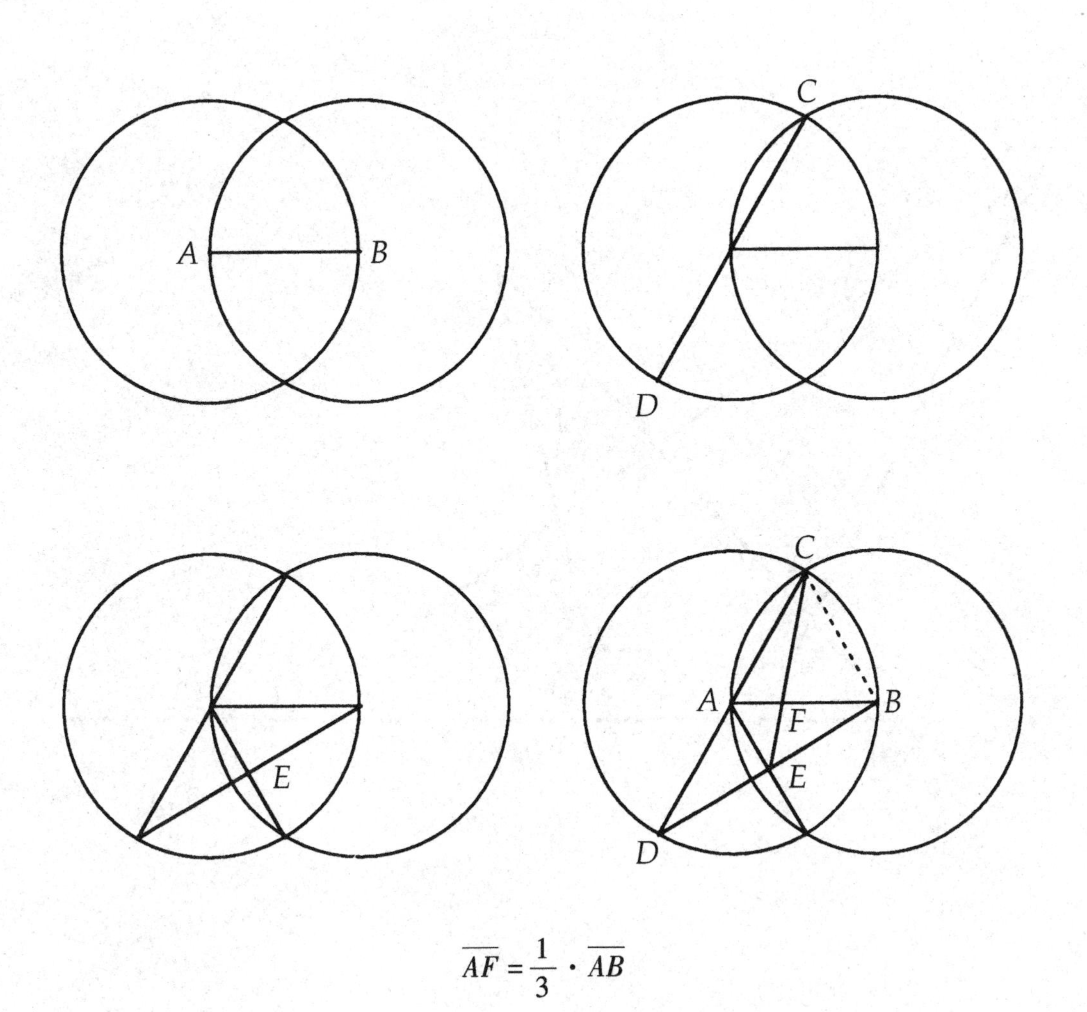

$$\overline{AF}=\frac{1}{3}\cdot\overline{AB}$$

——斯科特·科布尔（Scott Coble）

五角星的顶角和为 180°

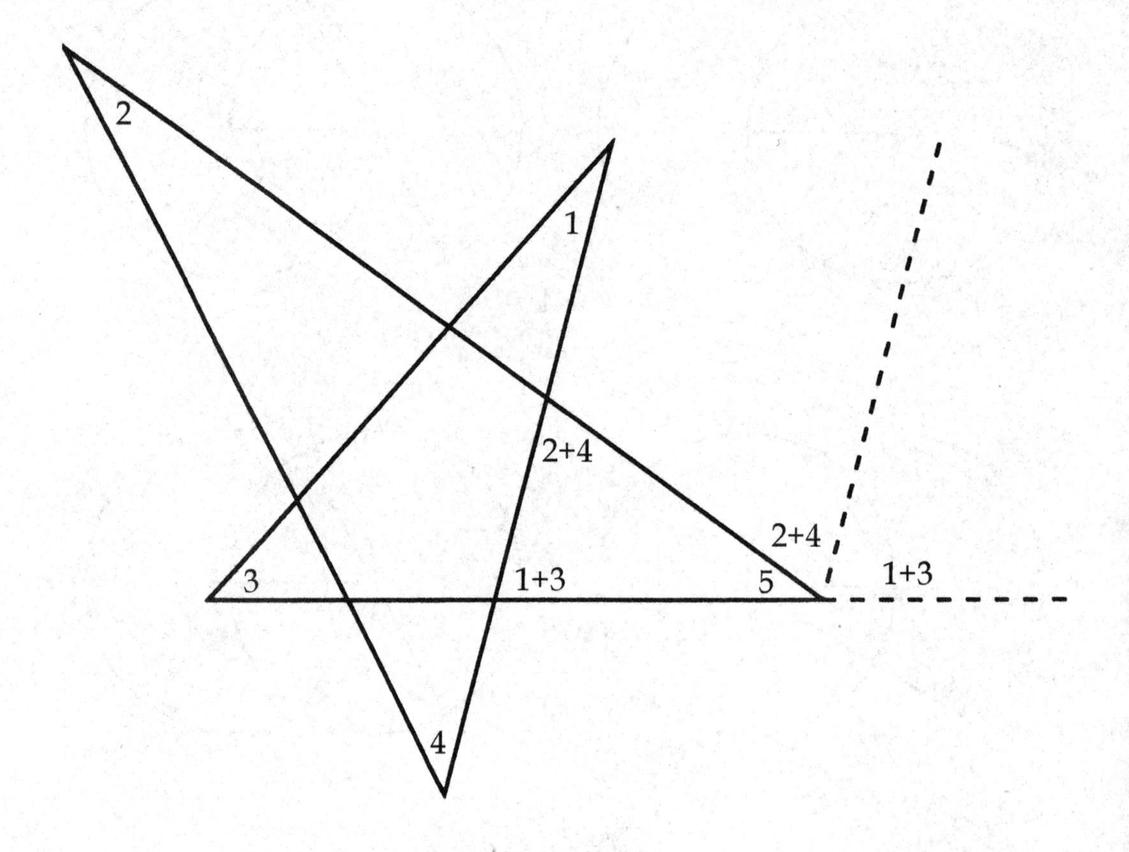

——福阿德·纳克里（Fouad Nakhli）

维维安尼定理

在等边三角形内任意一点或者边上任意一点与三边的垂直距离之和，等于该三角形的高。

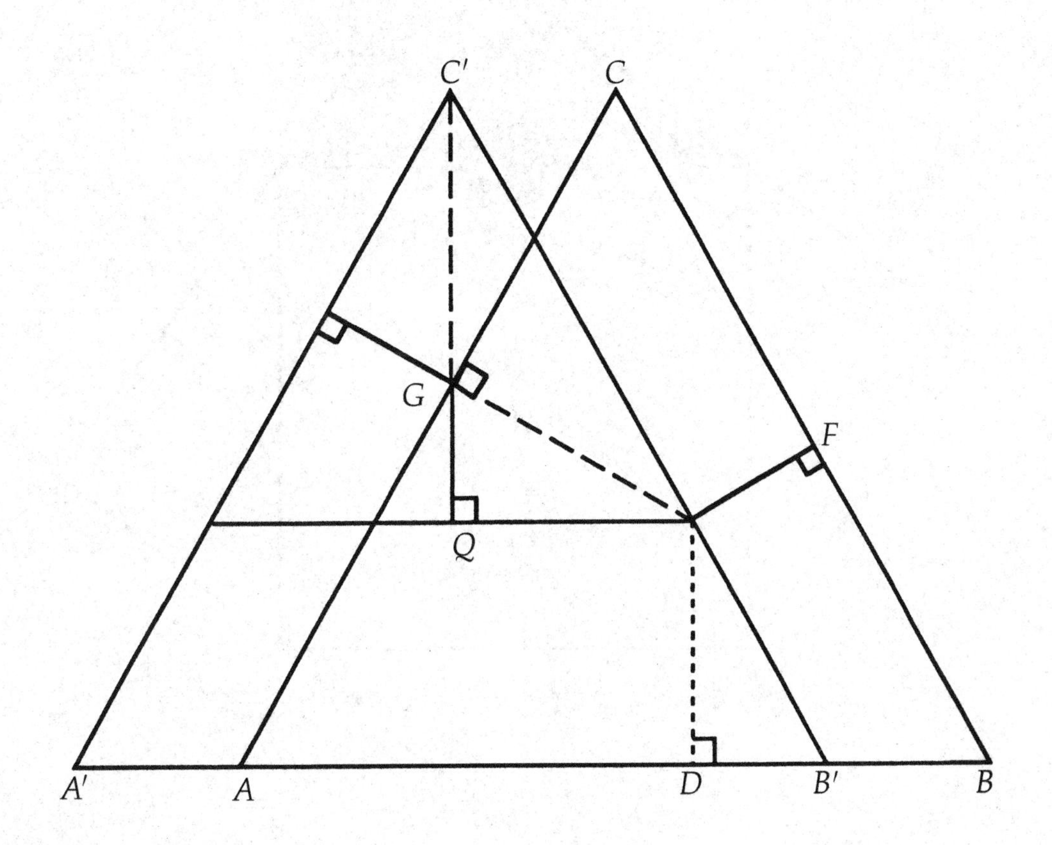

——塞缪尔·沃尔夫（Samuel Wolf）

有关直角三角形的一个定理

直角三角形的直角的角平分线平分斜边为边向外作的正方形的面积。

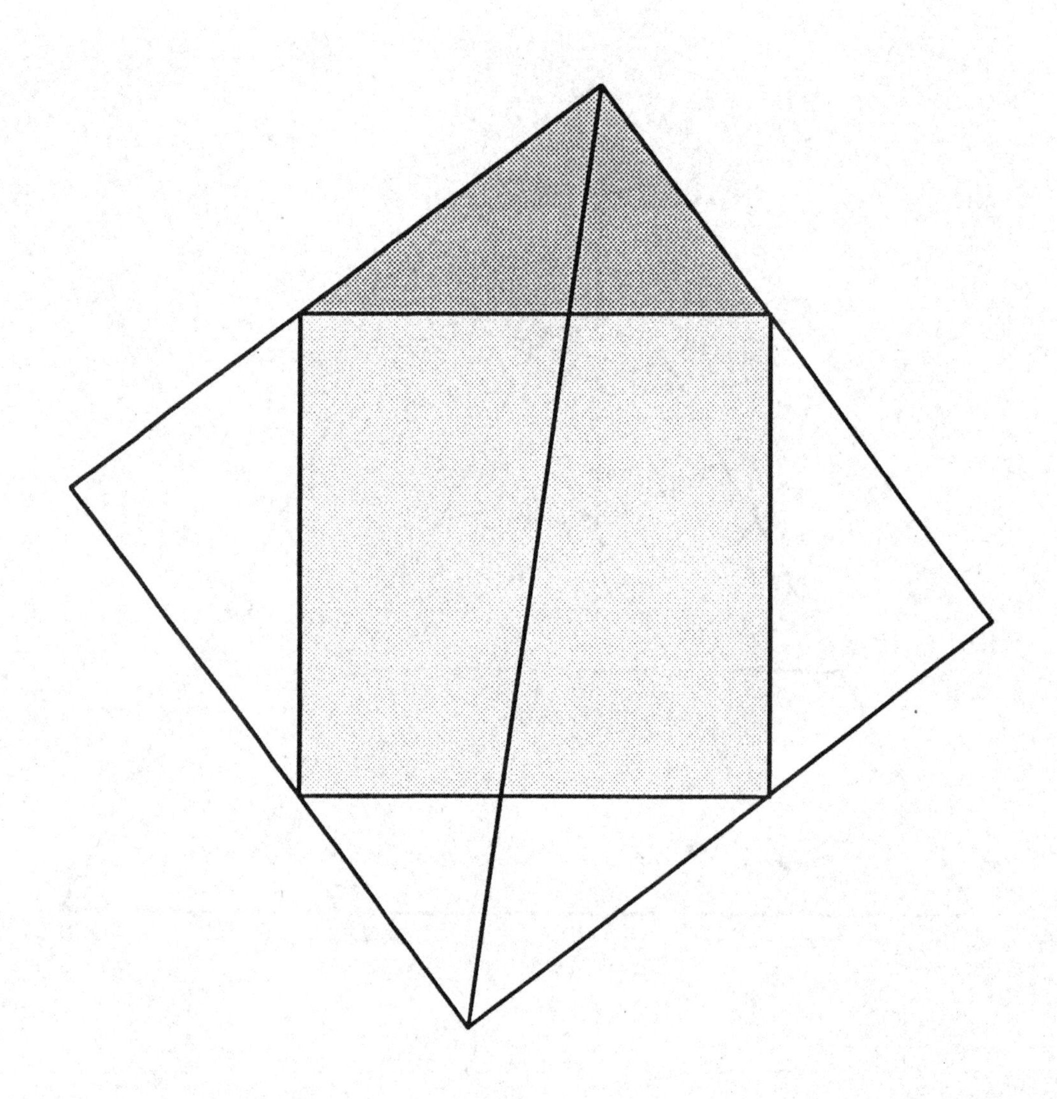

——罗兰 H. 埃迪（Roland H. Eddy）

直角三角形的面积和投影定理

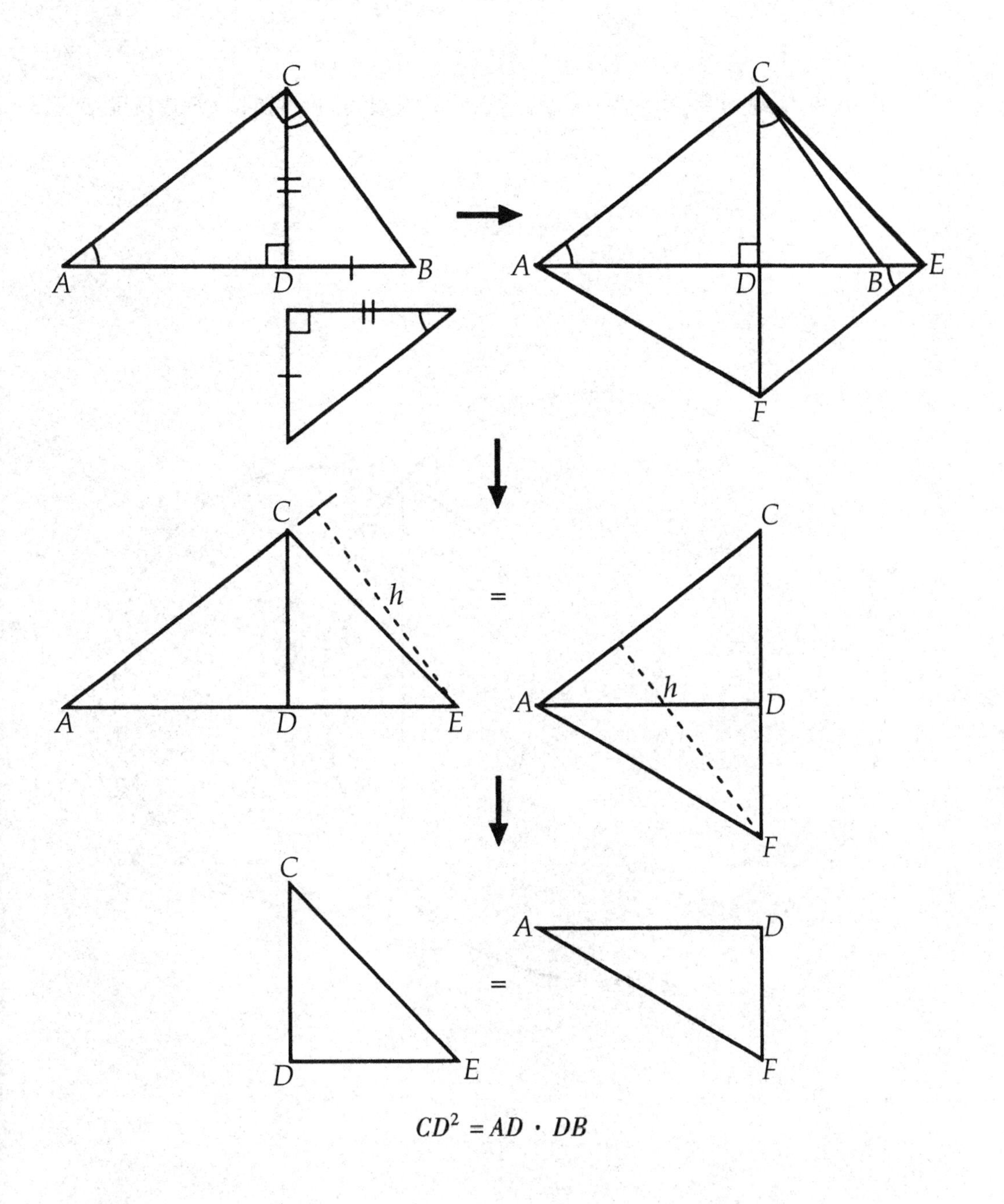

$$CD^2 = AD \cdot DB$$

——西尼 H. 昆（Sidney H. Kung）

译注：$AC // EF$，$DE = CD$，$DF = DB$。

长度相等的弦和切线段

如果圆 C_1通过圆 C_2的中心 O，弦$\overline{PQ}$的长度等于切线段$\overline{PR}$的长度。

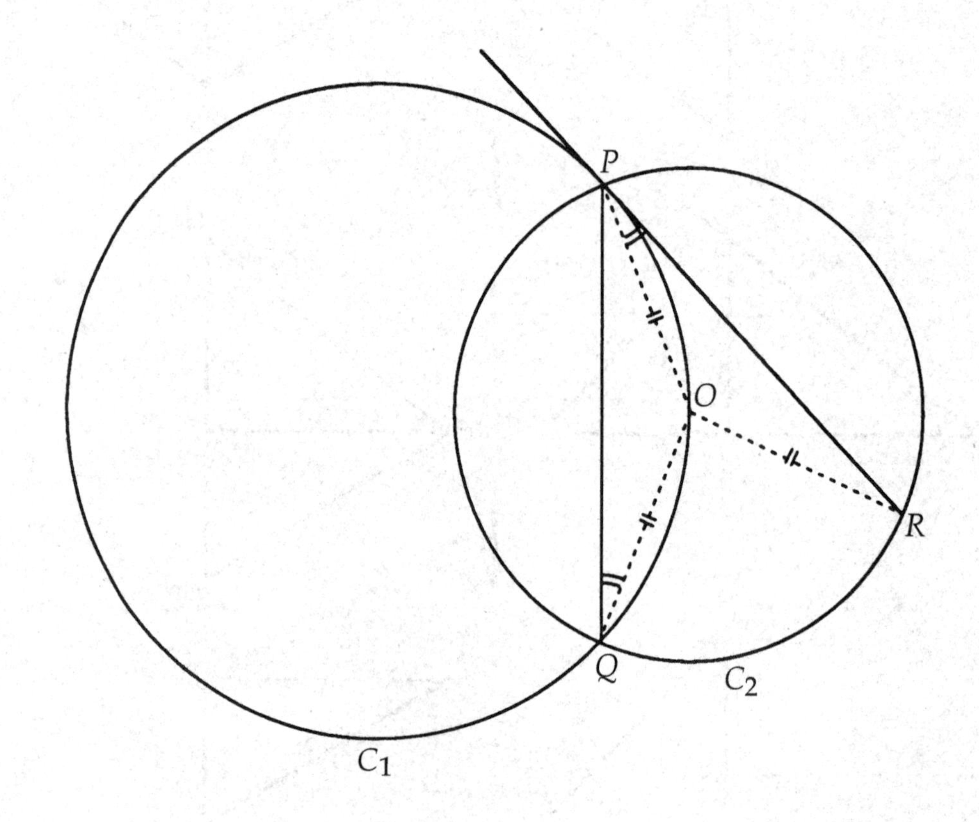

——罗兰 H. 埃迪（Roland H. Eddy）

完全平方

$$x^2 + ax = (x + a/2)^2 - (a/2)^2$$

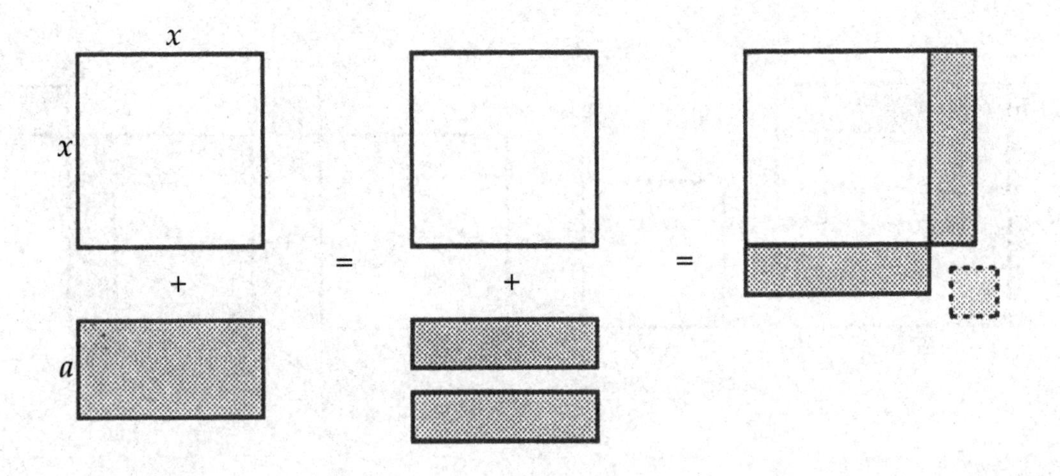

——查里斯 D. 格兰特（Charles D. Gallant）

代数面积 I

$$(a+b)^2+(a-b)^2=2(a^2+b^2)$$

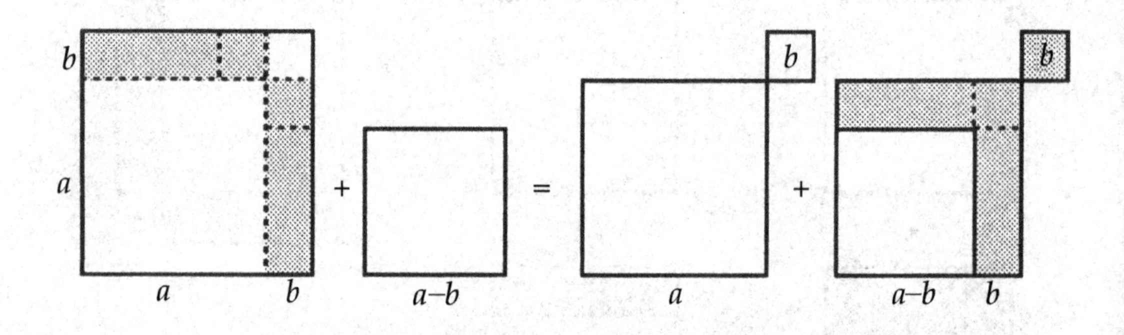

——雪莉 A. 威肯（Shirley Wakin）

代数面积 II

$$(a+b+c)^2+(a+b-c)^2+(a-b+c)^2+(a-b-c)^2$$
$$=(2a)^2+(2b)^2+(2c)^2$$

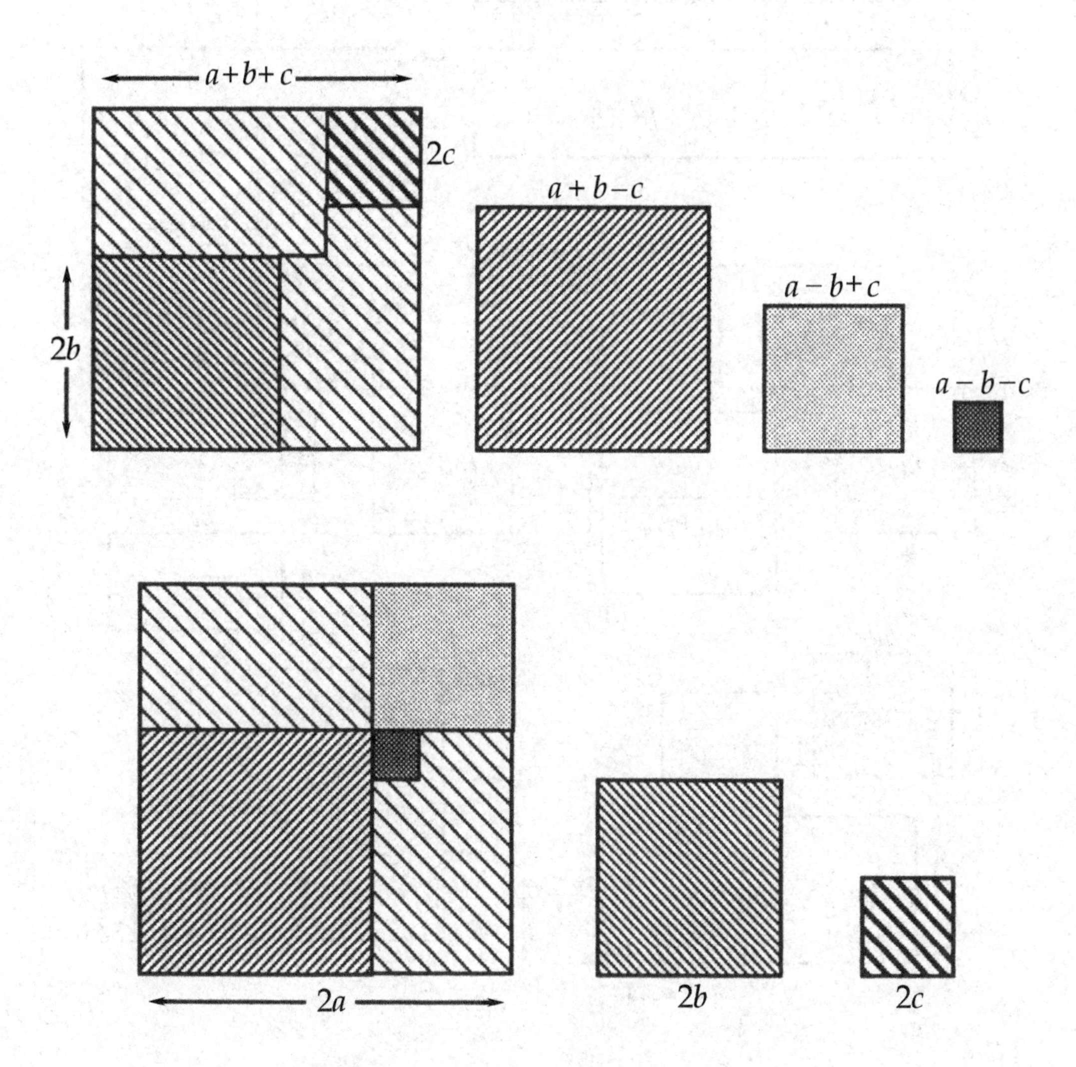

——山姆·普利和K.安·德鲁德（Sam Pooley and K. Ann Drude）

亚历山大学派的丢番图“平方和”恒等式

$$(a^2+b^2)(c^2+d^2)=(ad+bc)^2+(bd-ac)^2$$

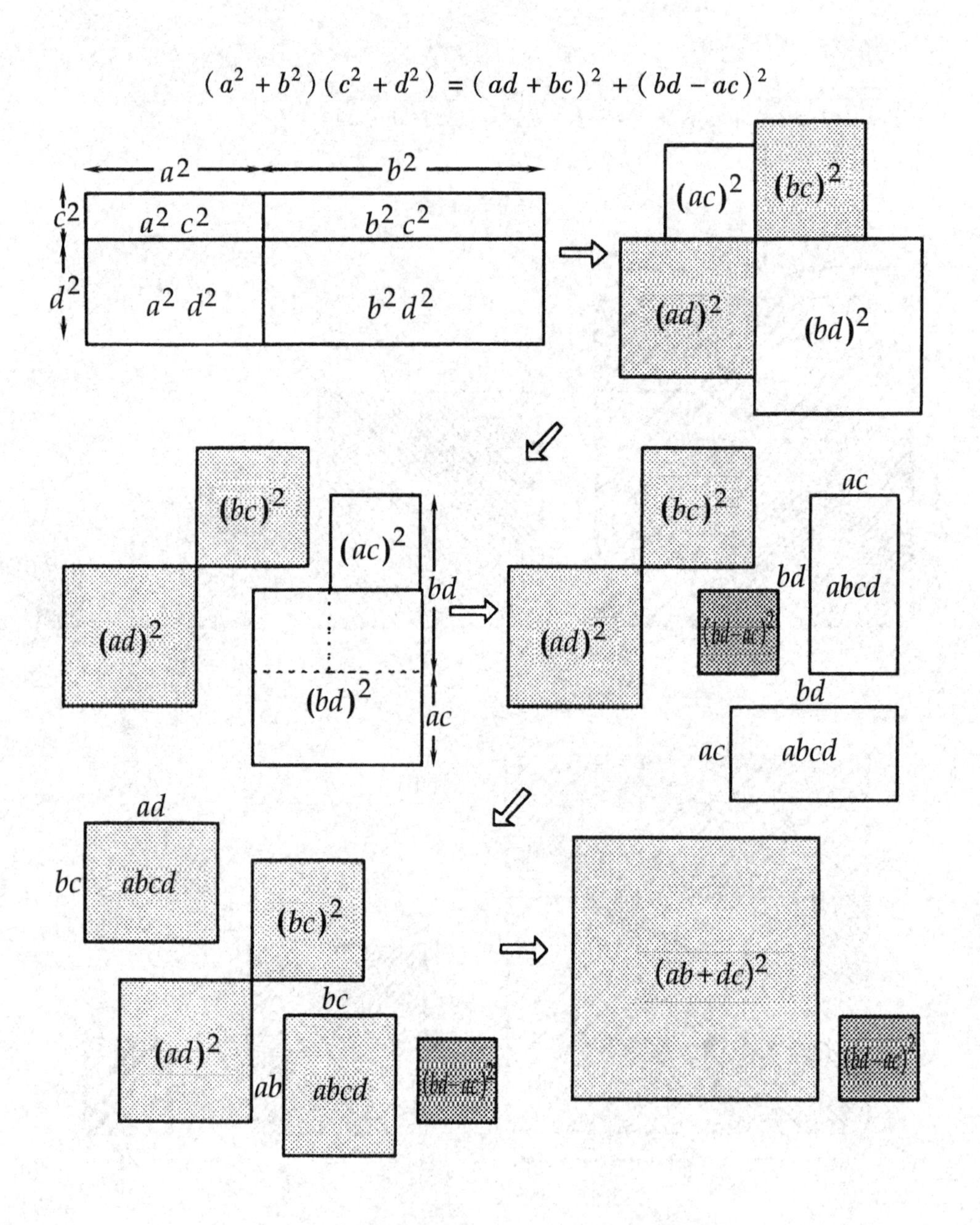

——RBN

译注：之后的 RBN 都是指罗杰 B. 尼尔森（Roger B. Nelsen）。

第 k 个 n-边形数

$$1+(k-1)(n-1)+\frac{1}{2}(k-2)(k-1)(n-2)$$

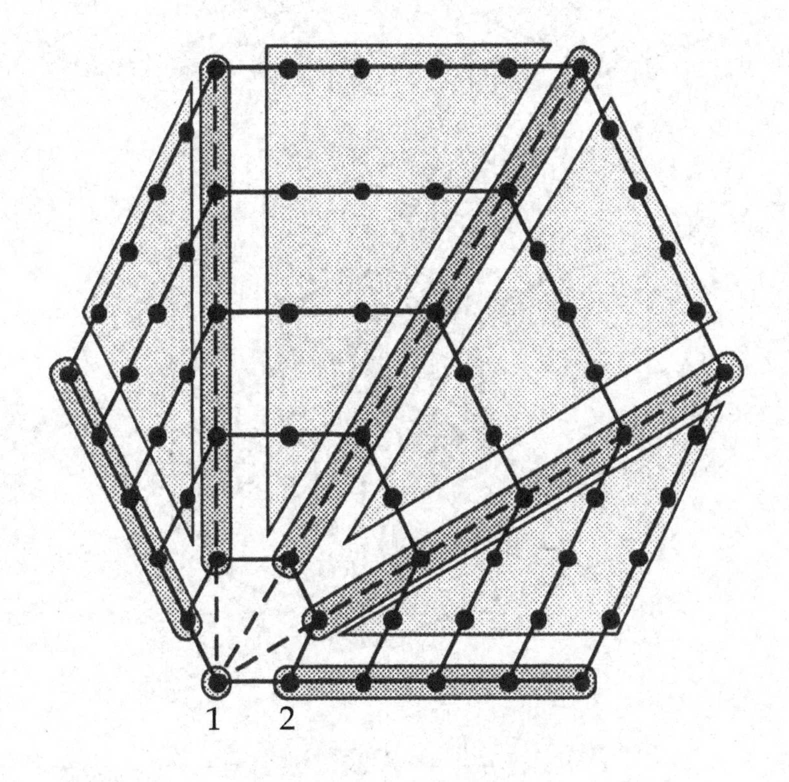

——戴夫·罗果塞提（Dave Logothetti）

一个四棱台的体积

［问题14，莫斯科纸草，大约公元前1850年］

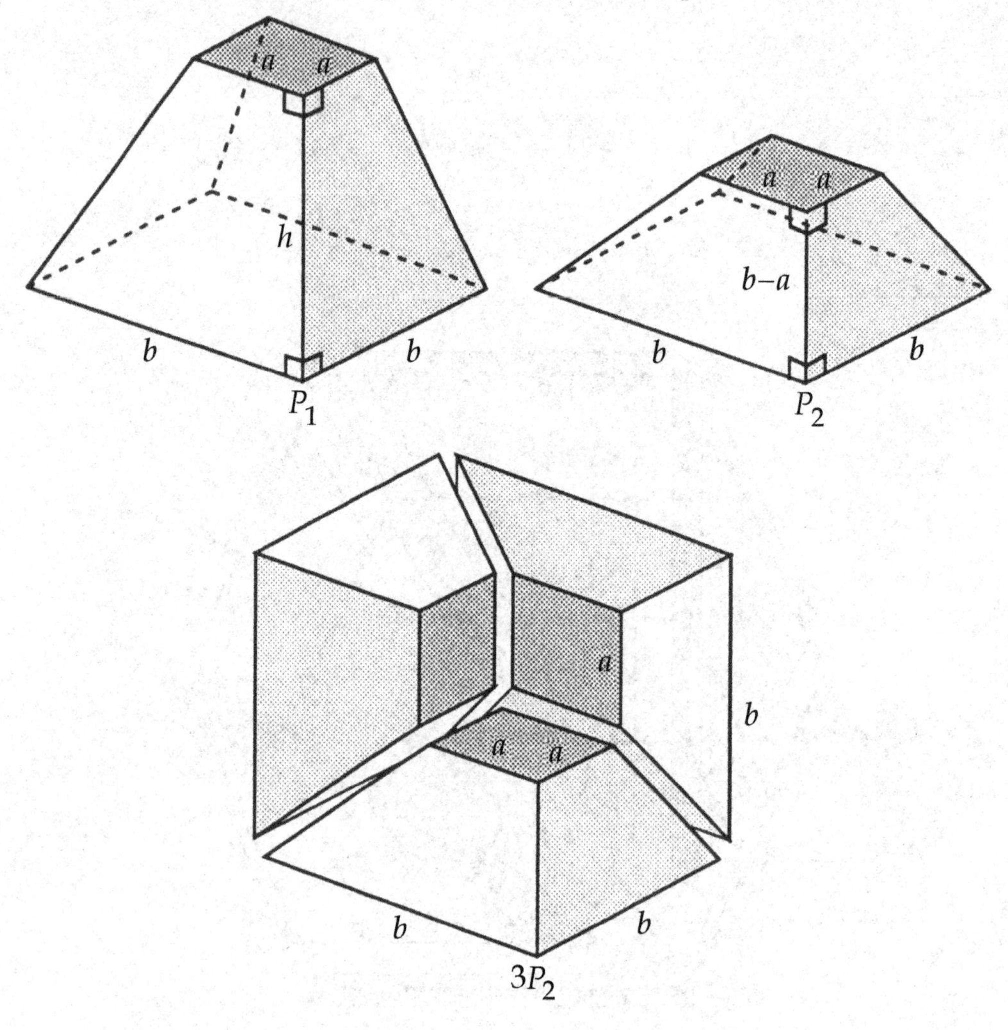

$$V(P_1)=\frac{h}{b-a}V(P_2)=\frac{h}{b-a}\cdot\frac{1}{3}(b^3-a^3)=\frac{h}{3}(a^2+ab+b^2)$$

——RBN

REFERENCES

1. C. B. Boyer, *A History of Mathematics*, John Wiley & Sons, New York, 1968, pp. 20-22
2. R. J. Gillings, *Mathematics in the Time of the Pharaohs*, The MIT Press, Cambridge, 1972, pp. 187-193.

通过卡瓦列里原理计算半球的体积

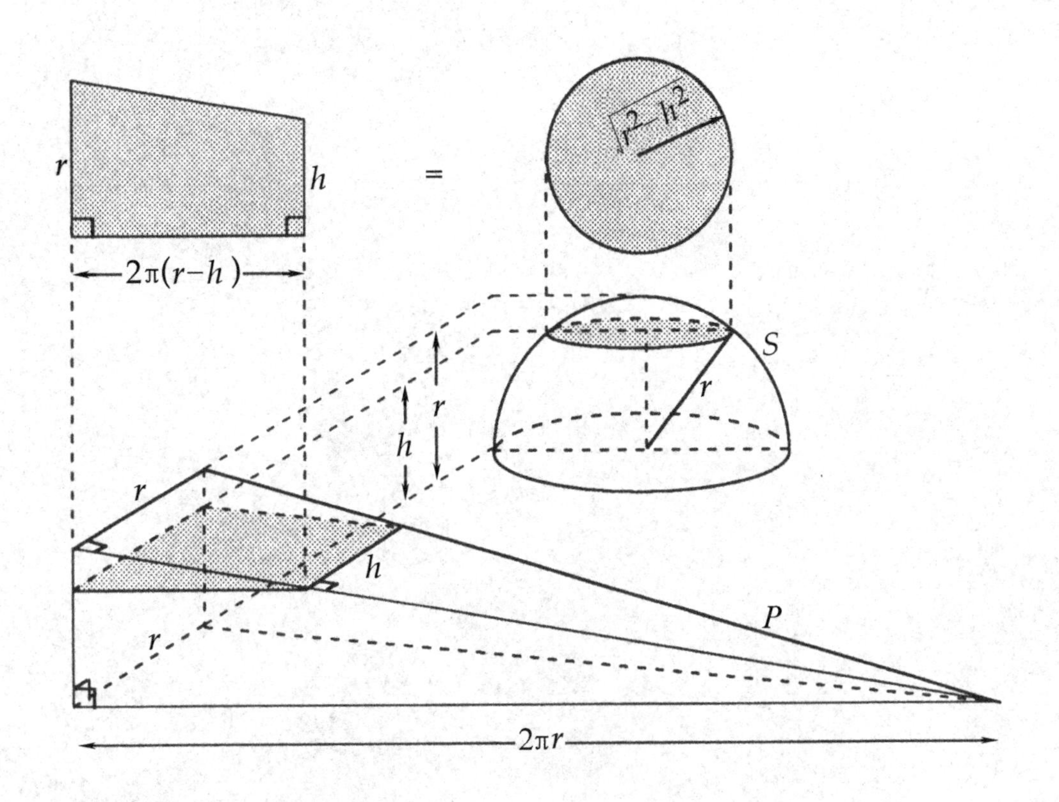

$$V_S = V_P = \frac{1}{3}r^2 \cdot 2\pi r = \frac{2}{3}\pi r^3$$

——西尼 H. 昆（Sidney H. Kung）

注：祖暅，公元 5 世纪中国古代杰出的数学家祖冲之之子，被认为首先发现了这个原理，即祖暅原理。

译注：祖暅原理是说如果两个等高的立体在同高处截两个立体的面积恒等，则这两个物体的体积相等。可以用来进行球体体积的计算。“祖暅原理”在 17 世纪由意大利数学家卡瓦列里重新发现，但比祖暅晚了一千余年。

三角，微积分与解析几何

正弦函数的两角和公式

$\sin(x+y)=\sin x\cos y+\cos x\sin y$，对所有的 $x+y<\pi$

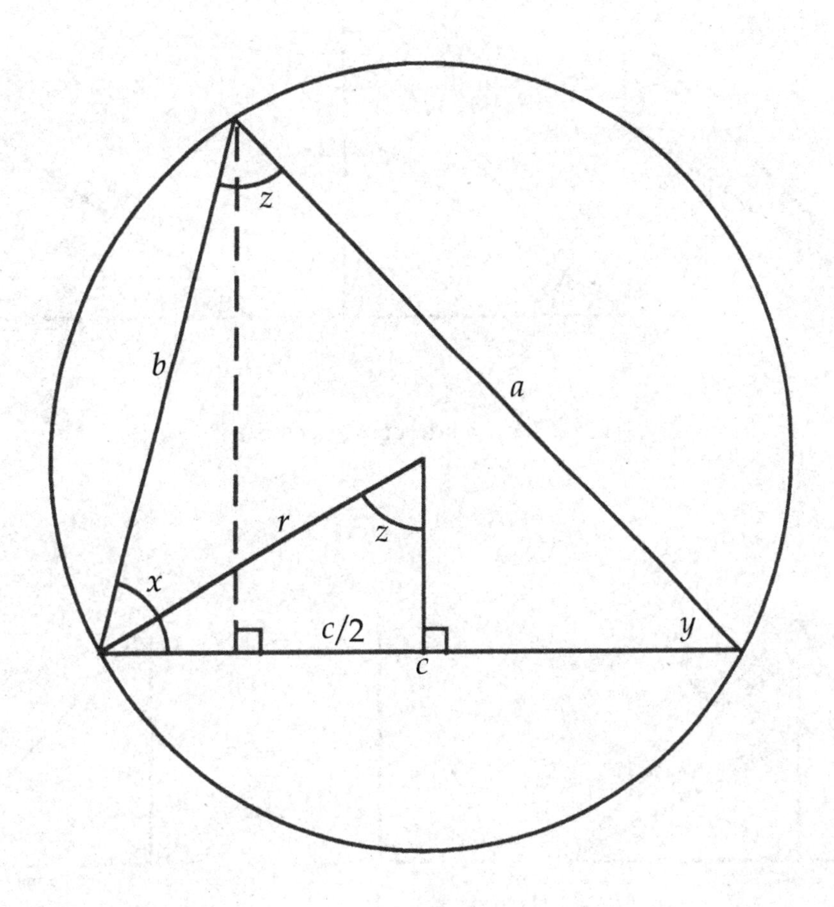

$$c=a\cos y+b\cos x;$$

$$r=1/2\Rightarrow\sin z=(c/2)/(1/2)=c,\sin x=a,\sin y=b;$$

$$\sin(x+y)=\sin(\pi-(x+y))=\sin z=\sin x\cos y+\sin y\cos x。$$

——西尼 H. 昆（Sidney H. Kung）

面积和两角差的正余弦公式

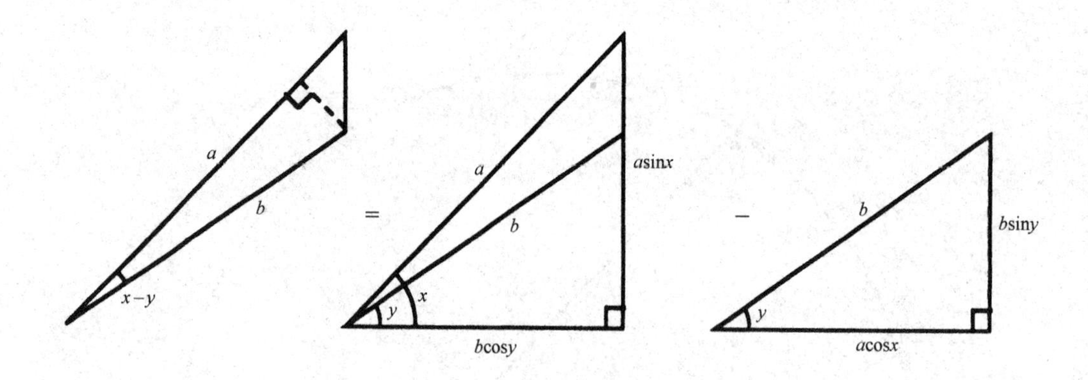

$$\sin(x-y)=\sin x\cos y-\cos x\sin y$$

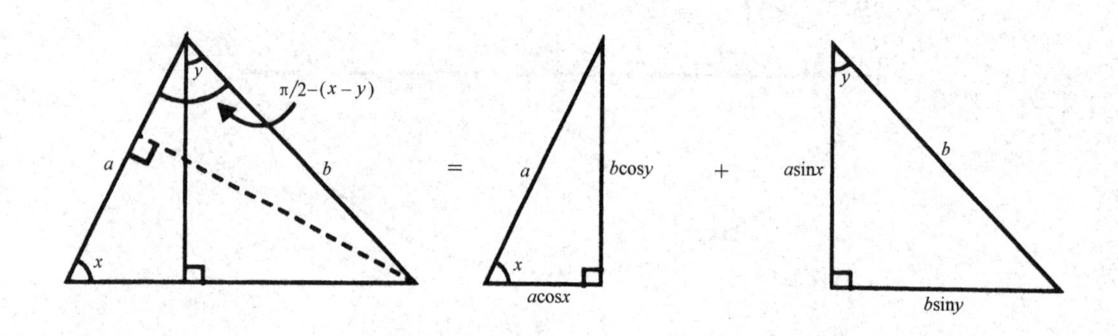

$$\cos(x-y)=\cos x\cos y+\sin x\sin y$$

——西尼 H. 昆（Sidney H. Kung）

余弦定理 I

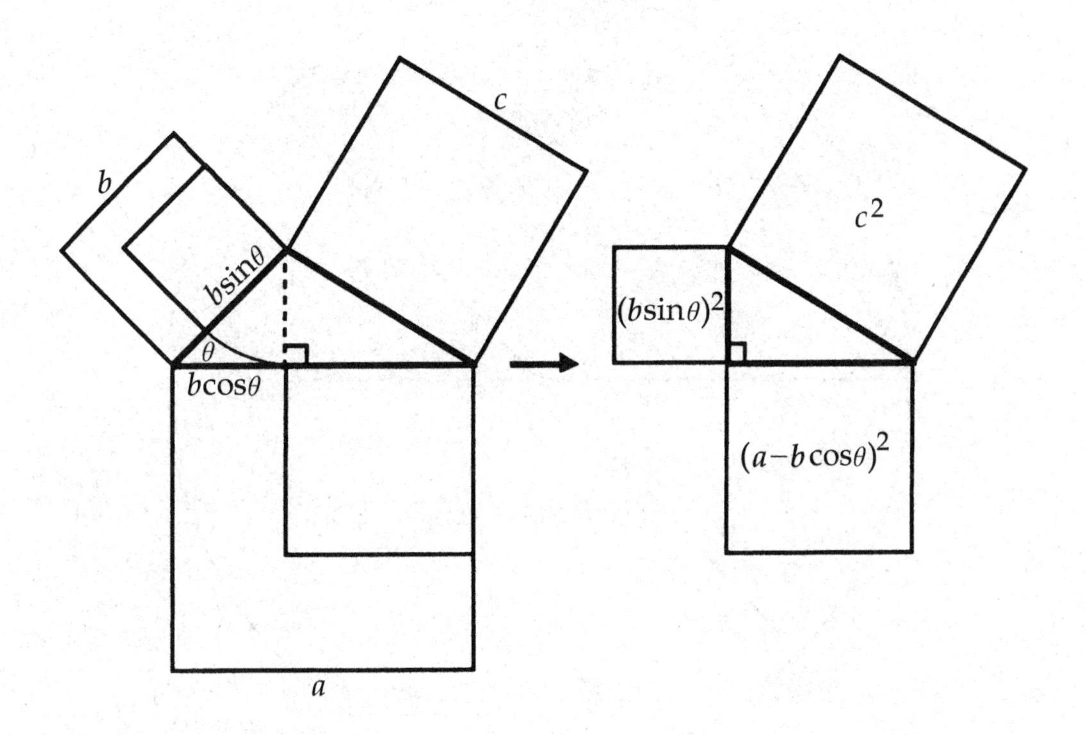

$$c^2 = (b\sin\theta)^2 + (a - b\cos\theta)^2$$
$$= a^2 + b^2 - 2ab\cos\theta$$

——蒂莫西 A. 谢皮科（Timothy A. Sipka）

余弦定理Ⅱ

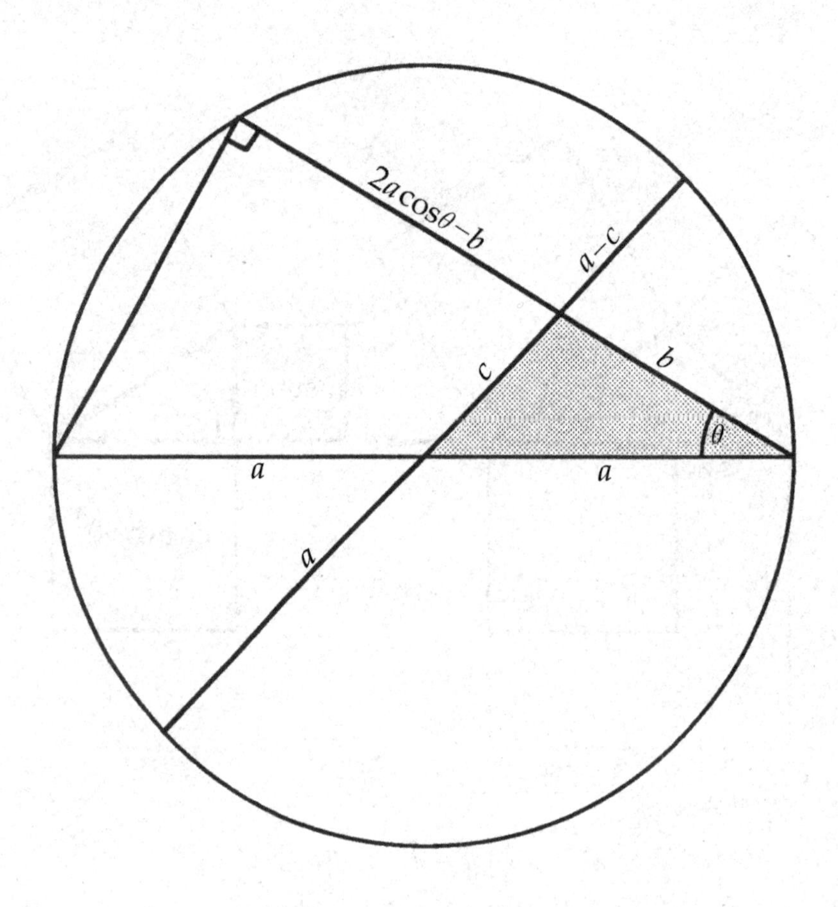

$$(2a\cos\theta - b)b = (a - c)(a + c)$$
$$c^2 = a^2 + b^2 - 2ab\cos\theta$$

——西尼 H. 昆（Sidney H. Kung）

余弦定理Ⅲ（根据托勒密定理）

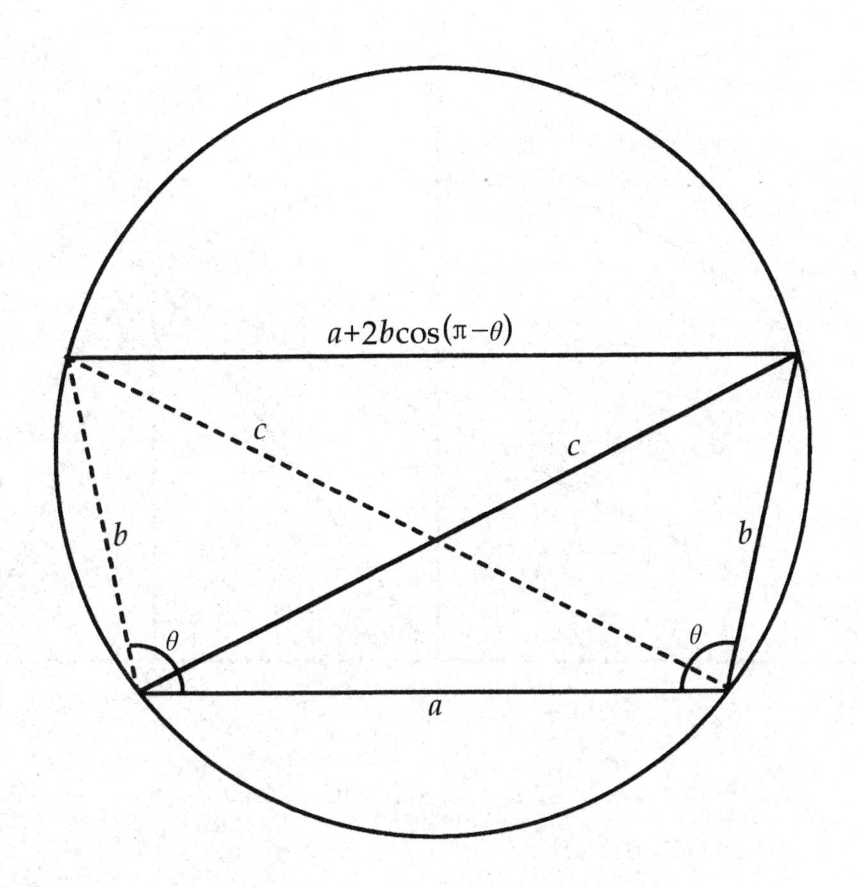

$$c \cdot c = b \cdot b + (a + 2b\cos(\pi - \theta)) \cdot a$$

$$c^2 = a^2 + b^2 - 2ab \cdot \cos\theta$$

——西尼 H. 昆（Sidney H. Kung）

二倍角公式

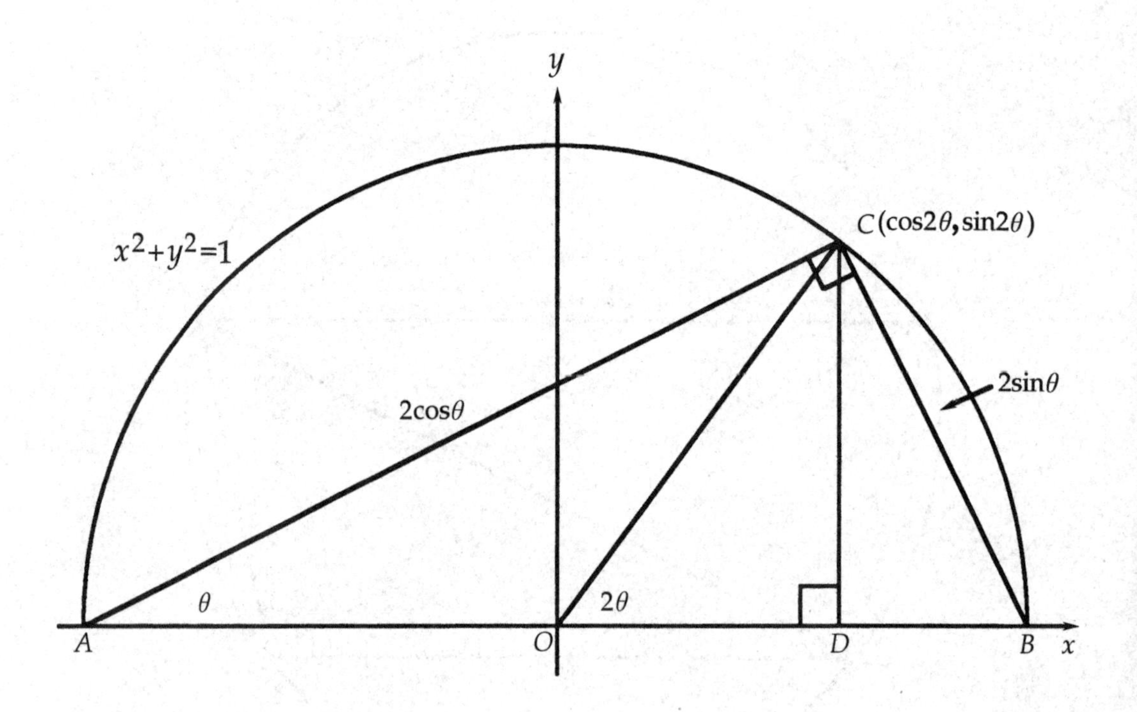

$$\triangle ACD \sim \triangle ABC$$

$$\overline{CD}/\overline{AC} = \overline{BC}/\overline{AB} \qquad \overline{AD}/\overline{AC} = \overline{AC}/\overline{AB}$$

$$\sin 2\theta / 2\cos\theta = 2\sin\theta / 2 \qquad (1+\cos 2\theta)/2\cos\theta = 2\cos\theta/2$$

$$\sin 2\theta = 2\sin\theta\cos\theta \qquad \cos 2\theta = 2\cos^2\theta - 1$$

——RBN

半角公式

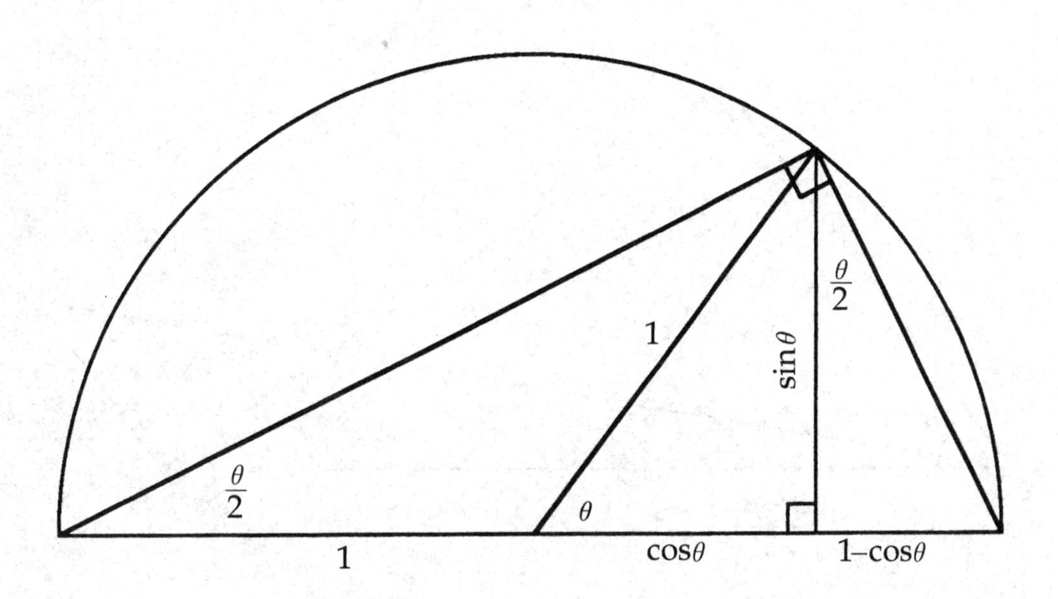

$$\tan\frac{\theta}{2}=\frac{\sin\theta}{1+\cos\theta}=\frac{1-\cos\theta}{\sin\theta}$$

——R. J. 沃克（R. J. Walker）

摩尔魏特方程

$$(a-b)\cos\frac{\gamma}{2}=c\sin\left(\frac{\alpha-\beta}{2}\right)$$

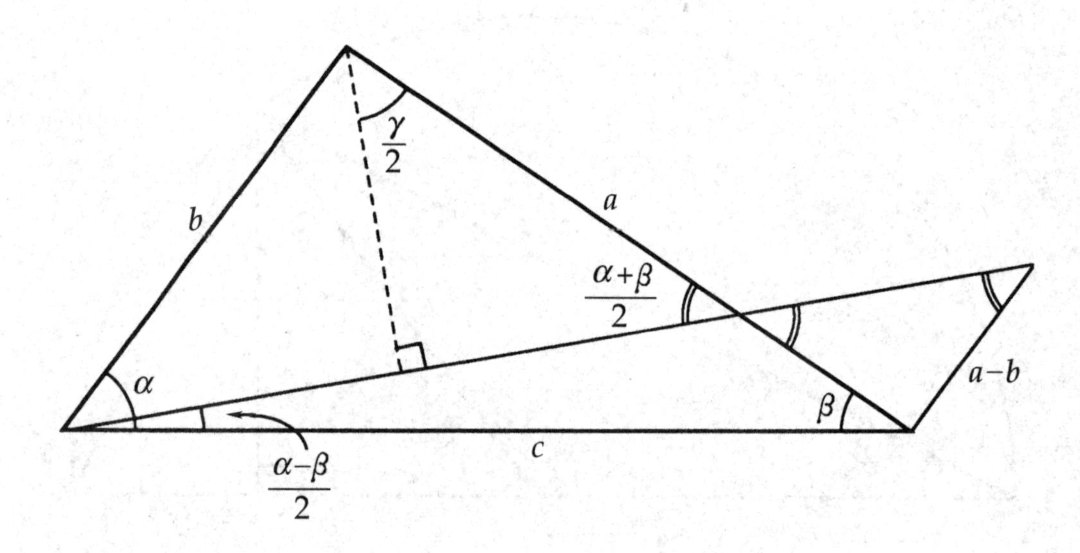

——H. 亚瑟·德克莱诺（H. Arthur DeKleine）

$(\tan\theta+1)^2+(\cot\theta+1)^2=(\sec\theta+\csc\theta)^2$

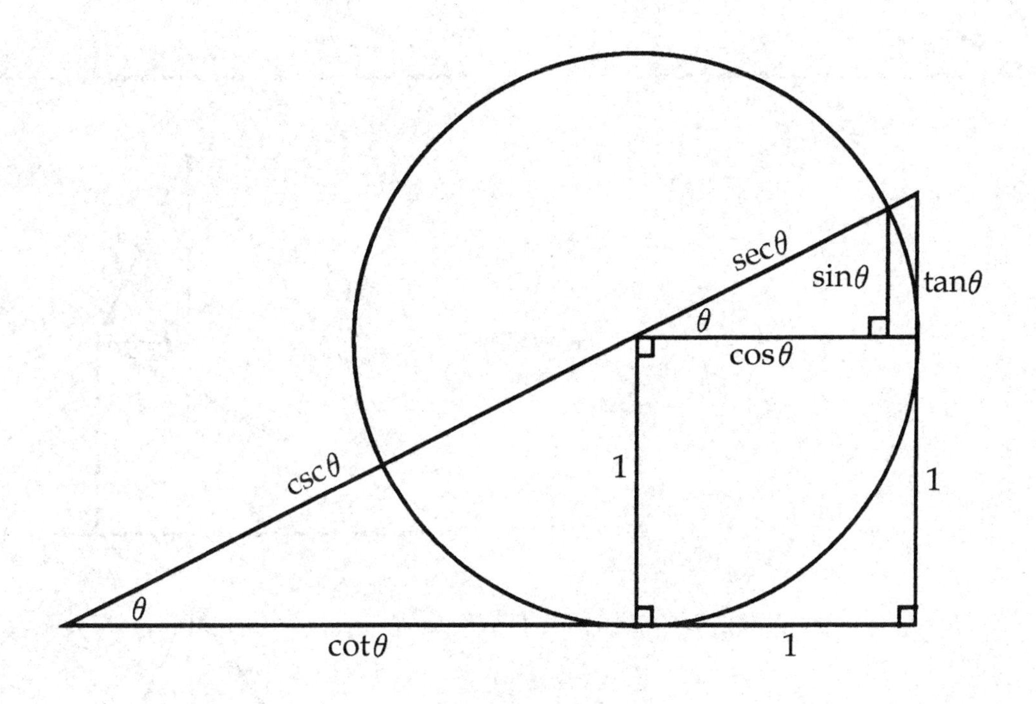

$$\tan^2\theta+1=\sec^2\theta$$

$$\cot^2\theta+1=\csc^2\theta$$

$$(\tan\theta+1)^2+(\cot\theta+1)^2=(\sec\theta+\csc\theta)^2$$

（也就是 $\tan\theta=\dfrac{\tan\theta+1}{\cot\theta+1}$）

——威廉·罗曼（William Romaine）

推导有理函数的正弦和余弦

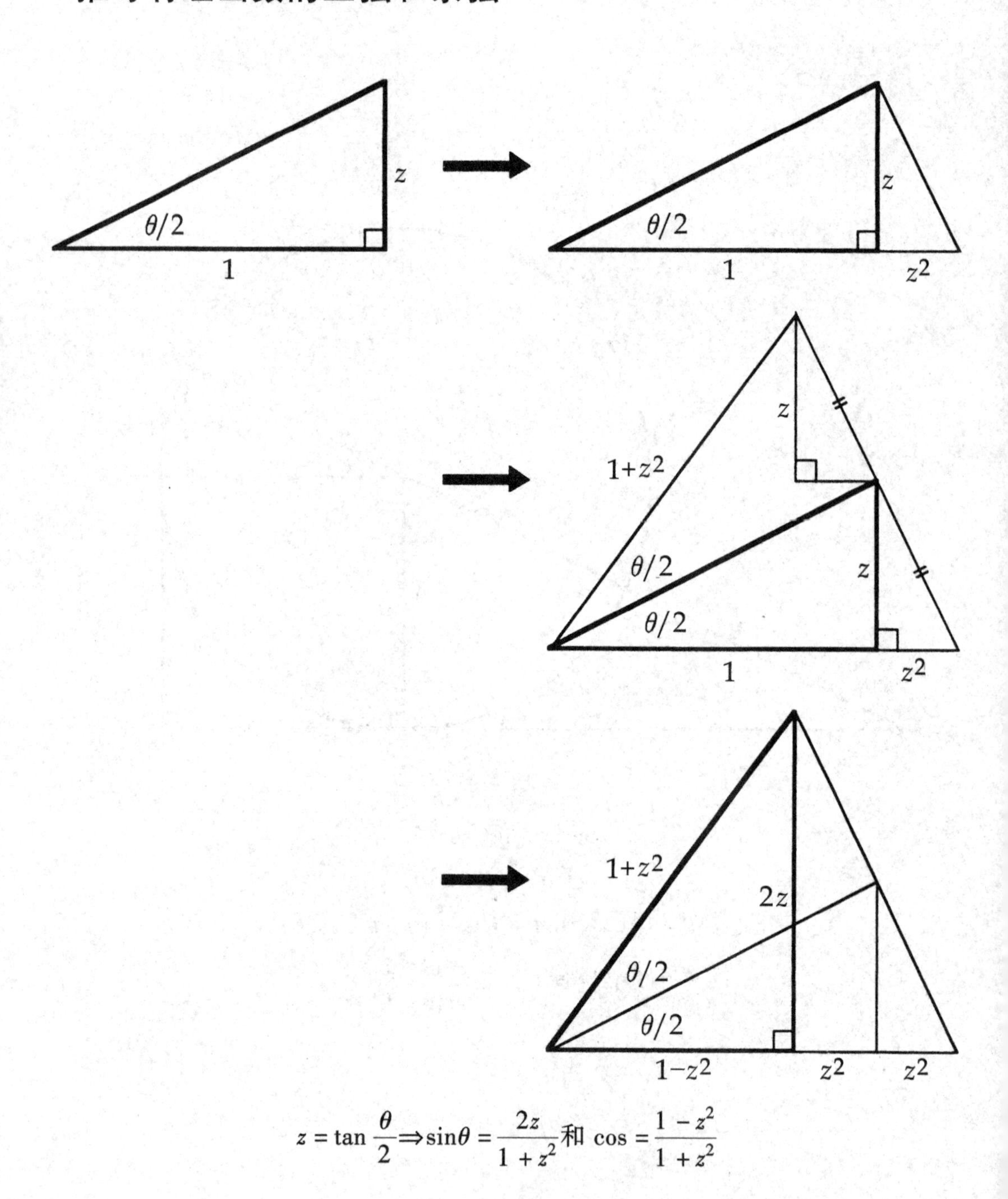

$$z=\tan\frac{\theta}{2}\Rightarrow\sin\theta=\frac{2z}{1+z^2}\text{和}\cos=\frac{1-z^2}{1+z^2}$$

——RBN

反正切函数的和

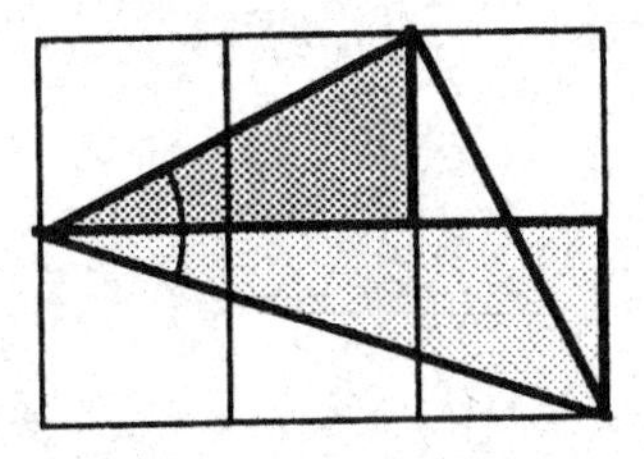

$$\arctan\frac{1}{2}+\arctan\frac{1}{3}=\frac{\pi}{4}$$

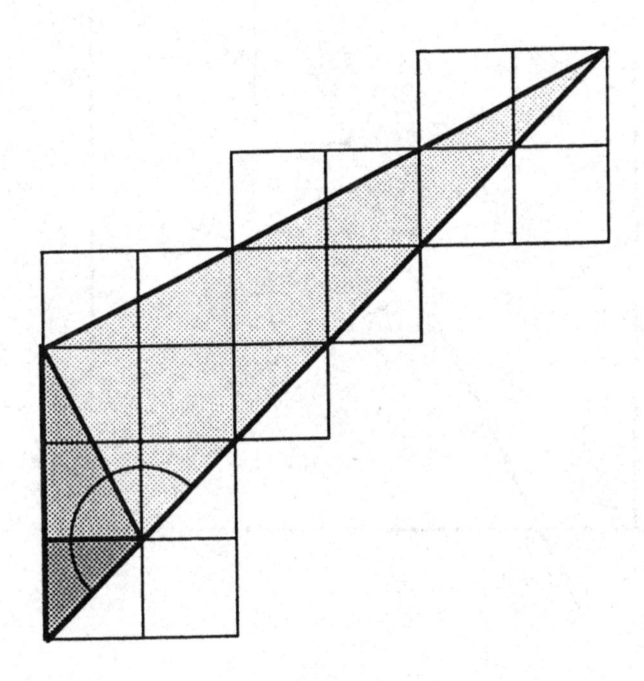

$$\arctan 1+\arctan 2+\arctan 3=\pi$$

——爱德华 M. 哈里斯（Edward M. Harris）

点到直线的距离公式

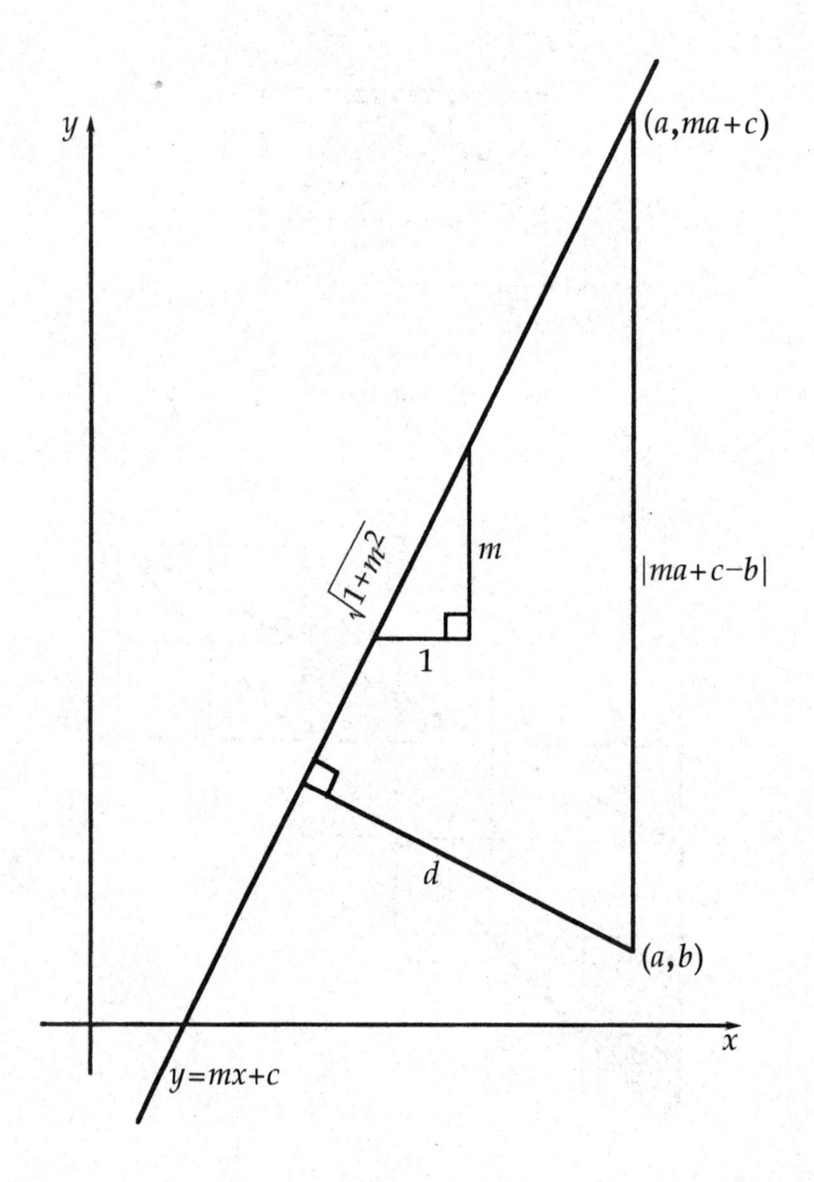

$$\frac{d}{1}=\frac{|ma+c-b|}{\sqrt{1+m^2}}$$

——R. L. 艾森曼（R. L. Eisenman）

对于凹函数中点规则优于梯形规则

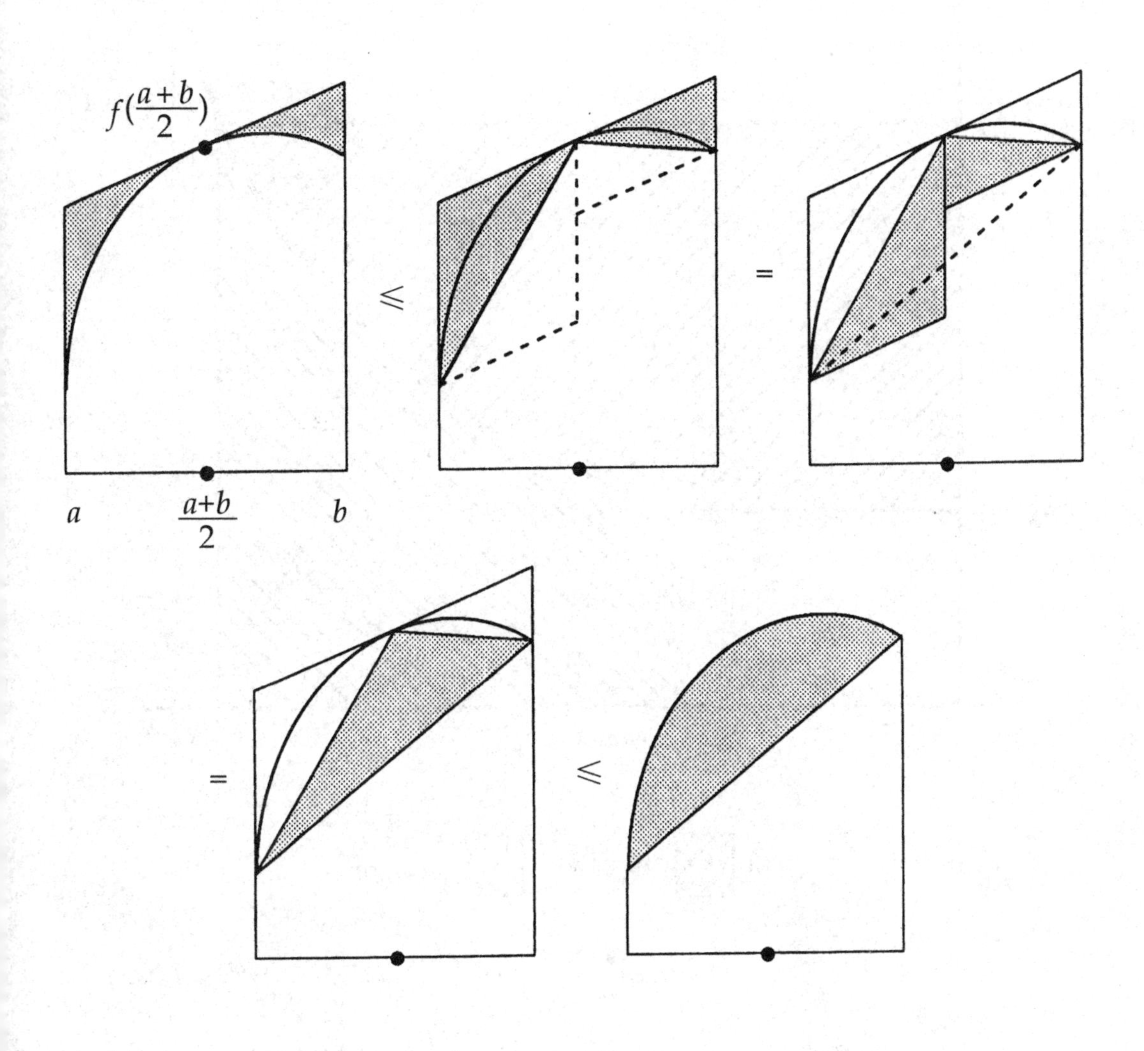

——弗兰克·伯克（Frank Burk）

译注：凹函数为 $f\left(\frac{a+b}{2}\right) \geqslant \frac{f(a)+f(b)}{2}$。

分部积分法

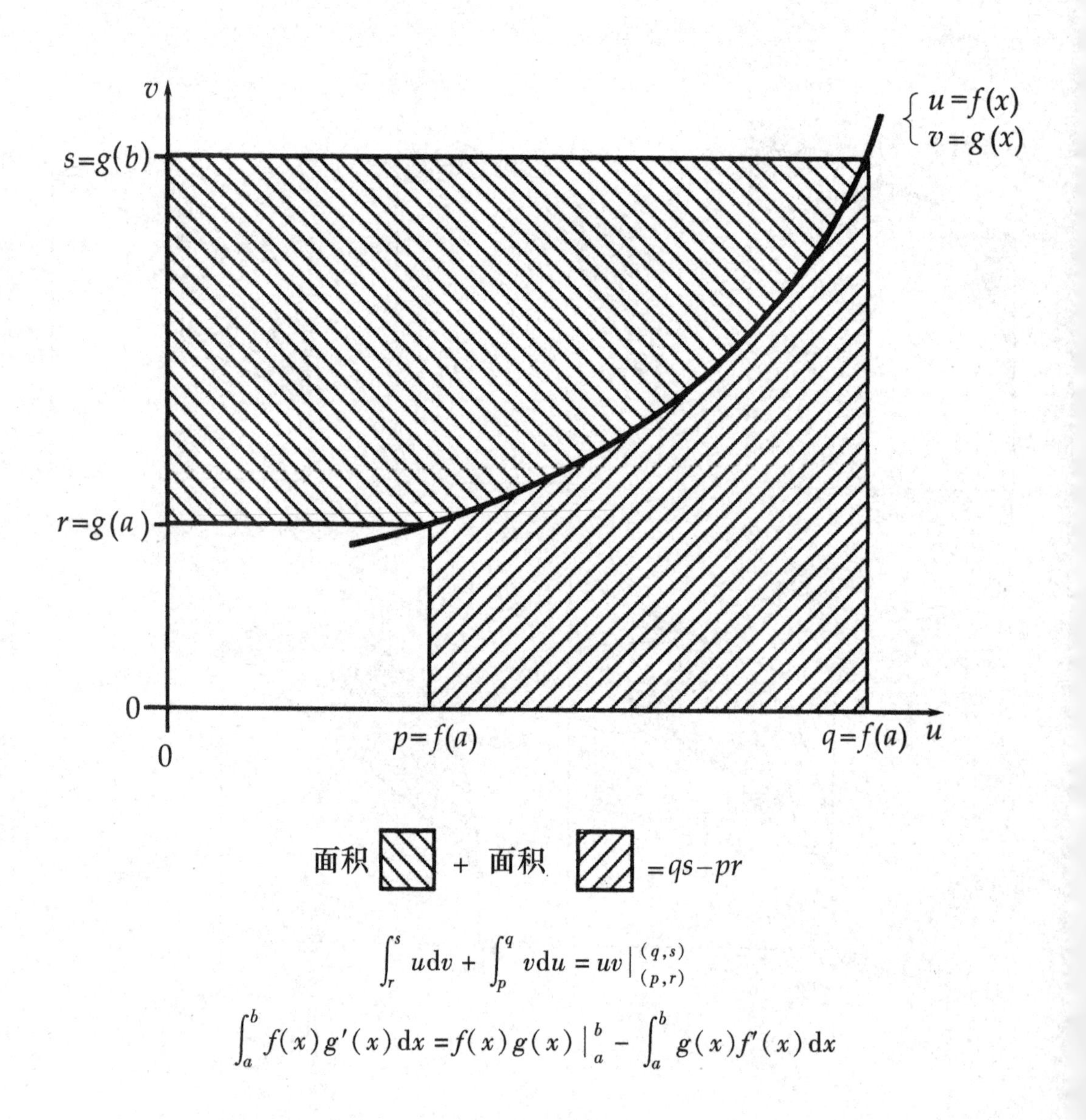

$$\int_r^s u\mathrm{d}v + \int_p^q v\mathrm{d}u = uv \Big|_{(p,r)}^{(q,s)}$$

$$\int_a^b f(x)g'(x)\,\mathrm{d}x = f(x)g(x)\Big|_a^b - \int_a^b g(x)f'(x)\,\mathrm{d}x$$

——理查德·柯朗（Richard Courant）

f 和 f^{-1} 的图形关于直线 $y = x$ 对称

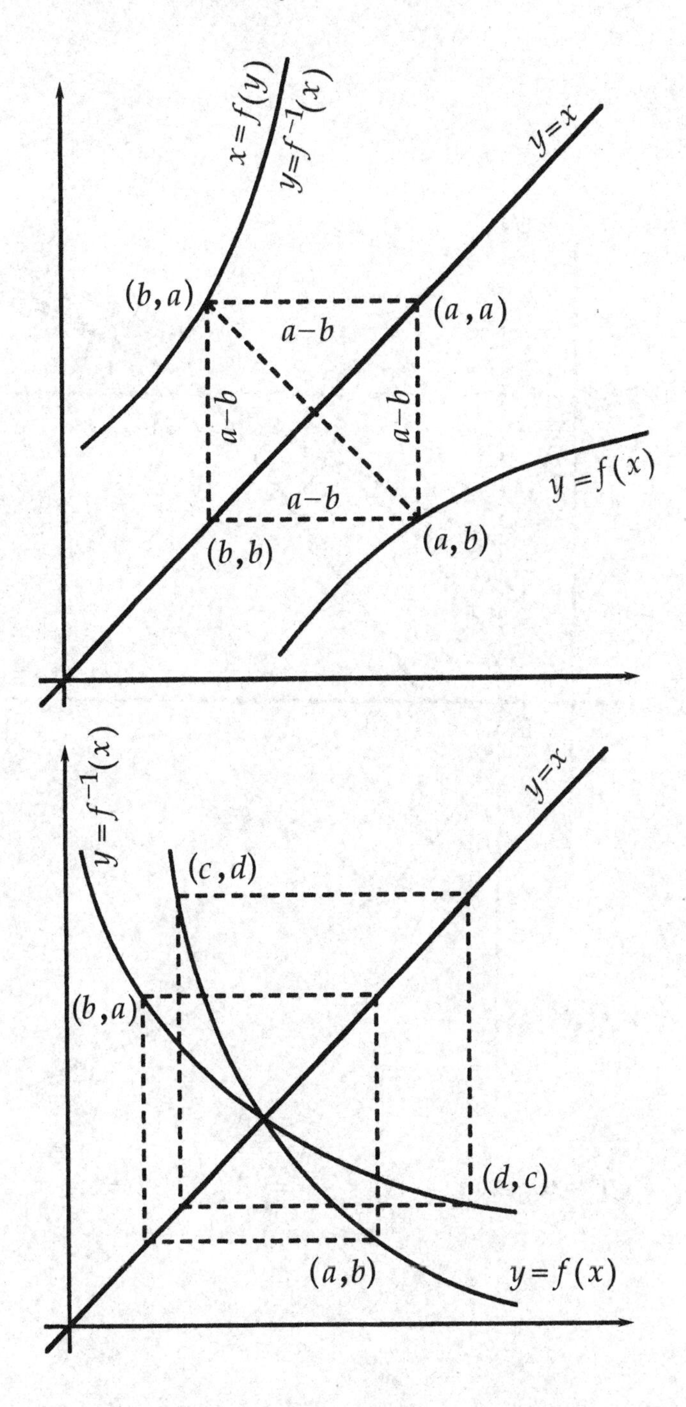

——阿尤布 B. 阿尤布（Ayoub B. Ayoub）

抛物线的反射特性

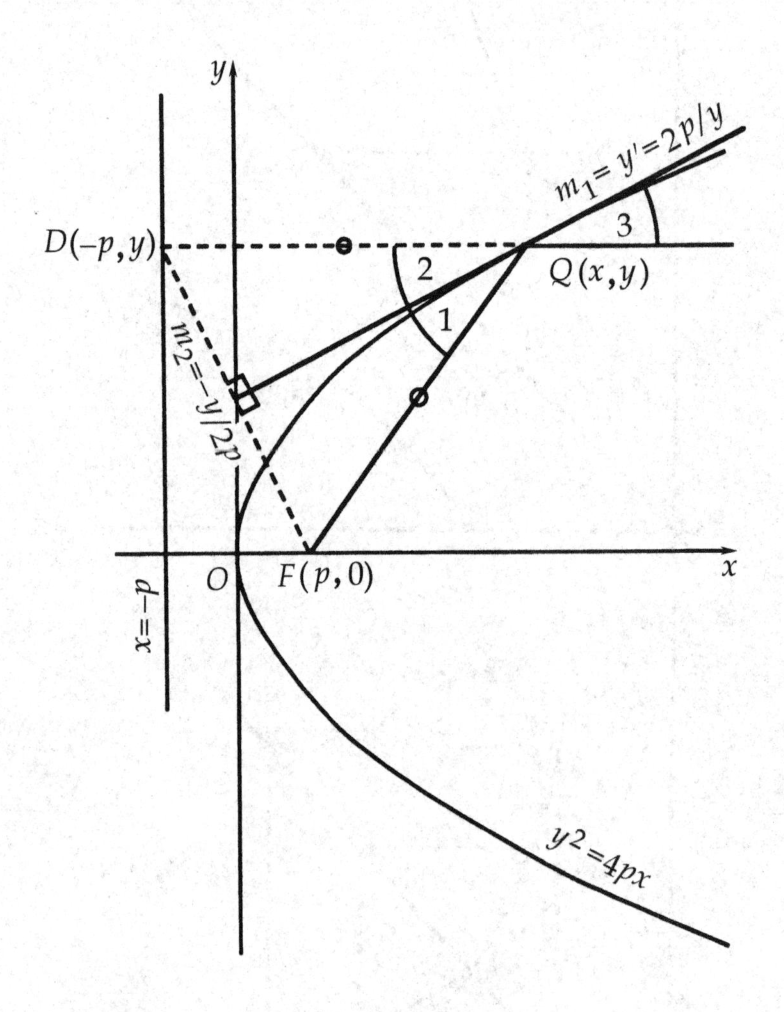

$QF = QD$ 且 $m_1 \cdot m_2 = -1 \Rightarrow \angle 1 = \angle 2 = \angle 3$

——阿尤布 B. 阿尤布（Ayoub B. Ayoub）

摆线拱的面积

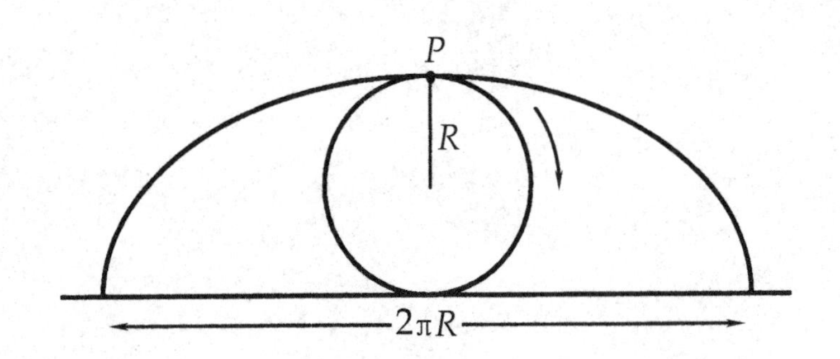

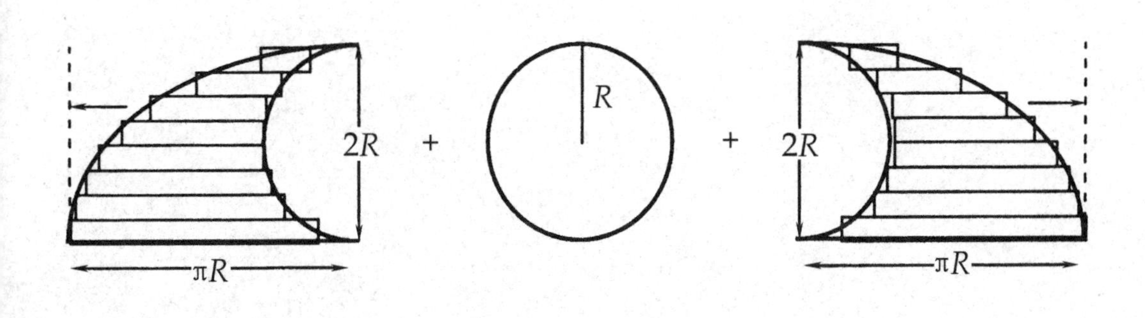

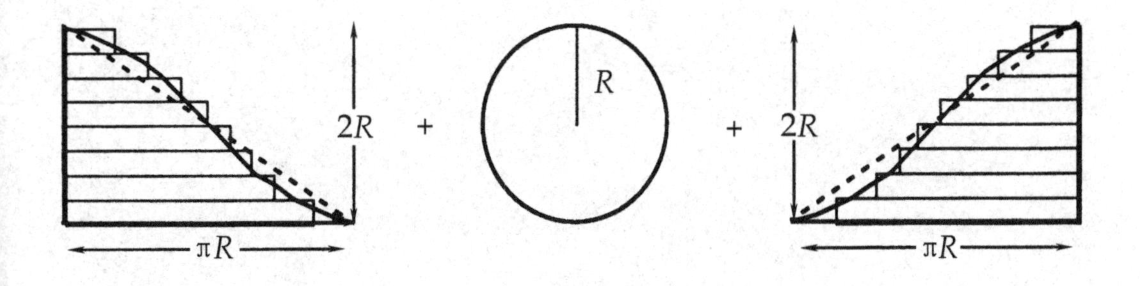

$$\frac{1}{2}\pi R\cdot 2R+\pi R^2+\frac{1}{2}\pi R\cdot 2R$$

$$\Rightarrow A=3\pi R^2$$

——理查德 M. 比克曼（Richard M. Beekman）

不 等 式

算术平均数—几何平均数之间的不等式 I

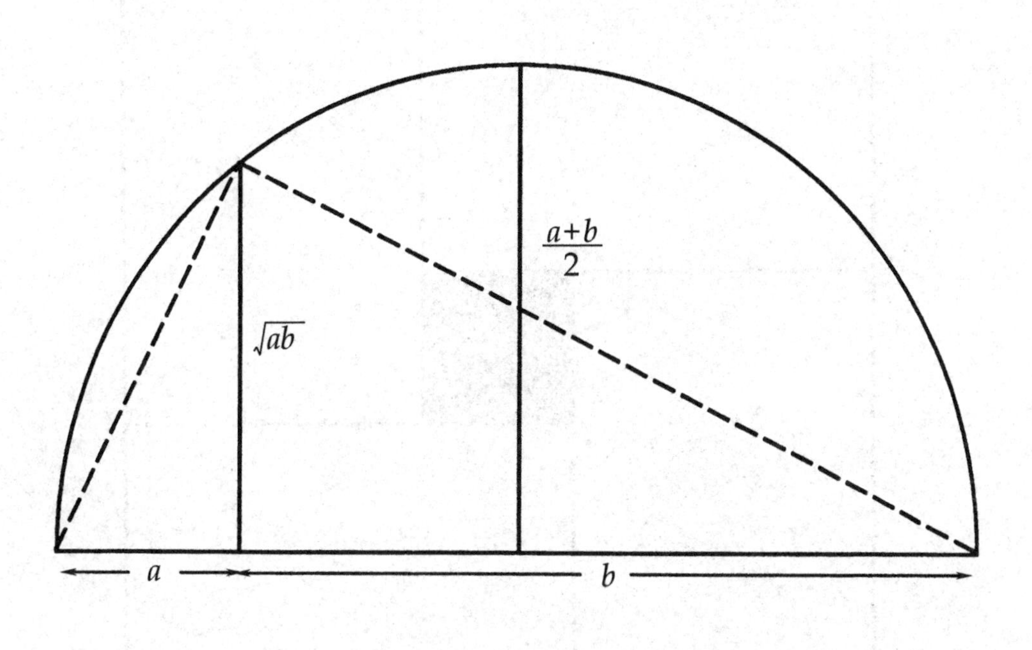

$$\sqrt{ab} \leqslant \frac{a+b}{2}$$

——查里斯 D. 格兰特（Charles D. Gallant）

译注：该不等式也称为均值定理：如果 x_1，x_2 属于正实数，那么 $\frac{x_1+x_2}{2} \geqslant \sqrt{x_1 x_2}$，当且仅当 $x_1 = x_2$ 时等号成立。

算术平均数—几何平均数之间的不等式Ⅱ

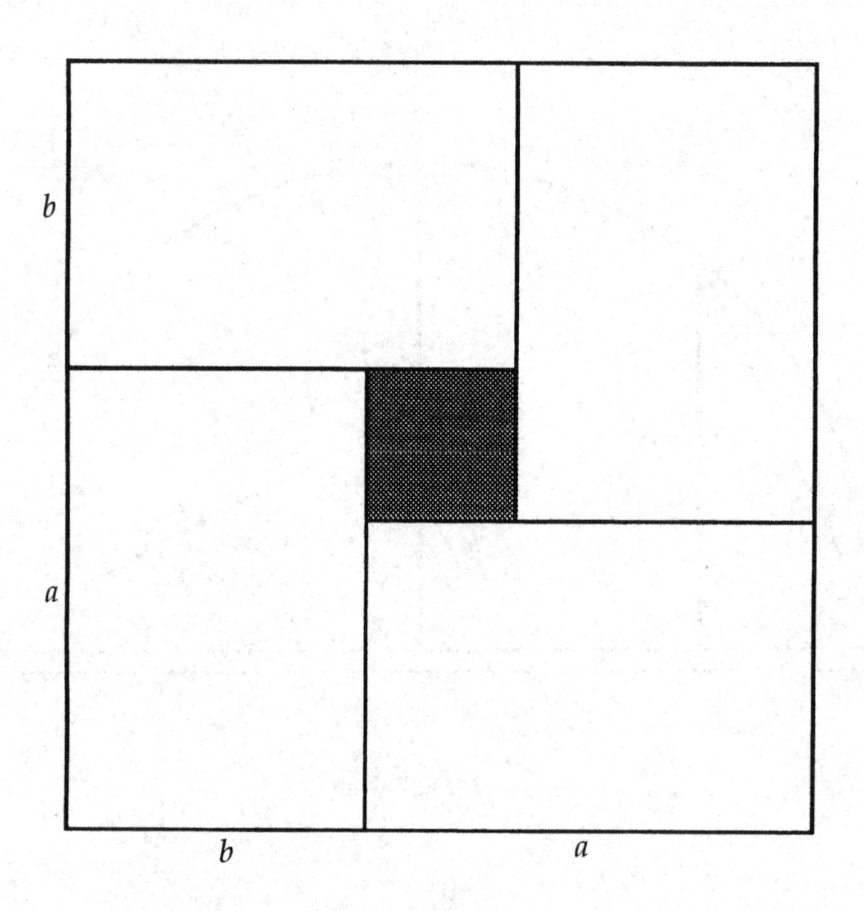

$$(a+b)^2-(a-b)^2=4ab$$

$$\frac{a+b}{2}\geqslant\sqrt{ab}$$

——多丽丝·沙特施奈德（Doris Schattschneider）

算术平均数—几何平均数之间的不等式Ⅲ

$\frac{a+b}{2} \geqslant \sqrt{ab}$，当且仅当 $a=b$ 时，等式成立。

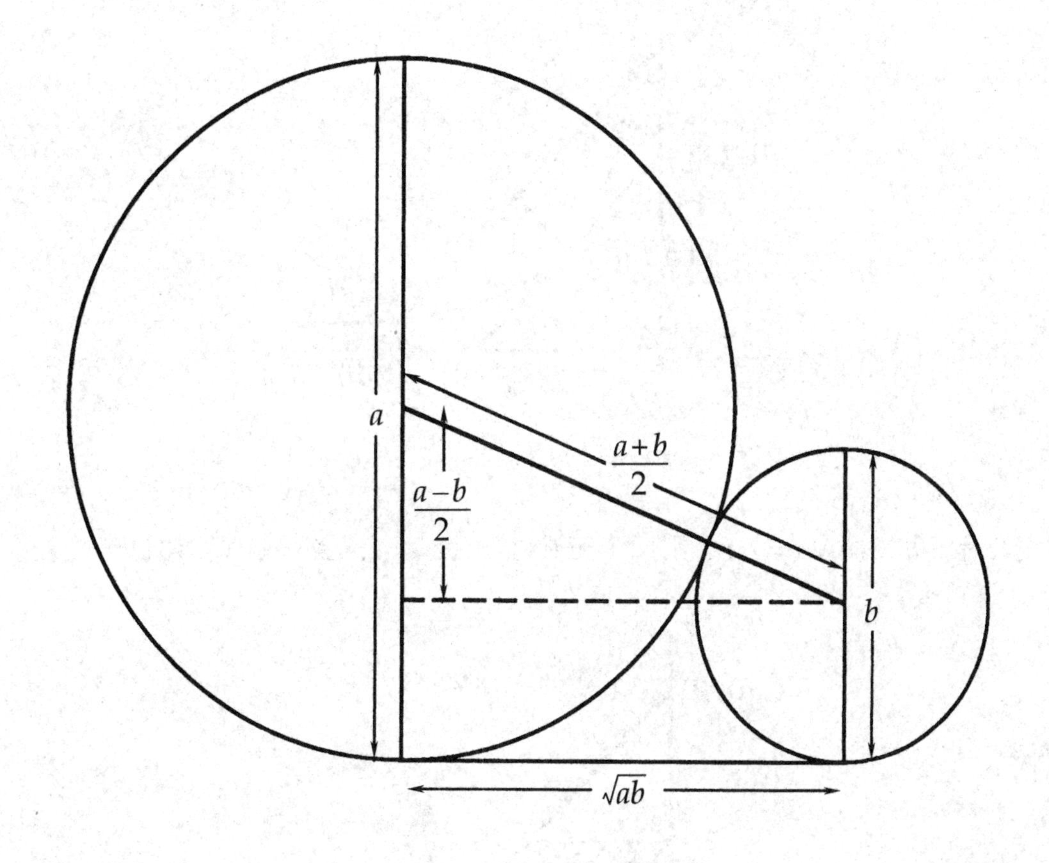

——罗兰 H. 埃迪（Roland H. Eddy）

两个极值问题

给定积 $P(xy=P)$，则两个正数之和 $x+y\geqslant 2\sqrt{P}$，当 $x=y$ 时等式成立。

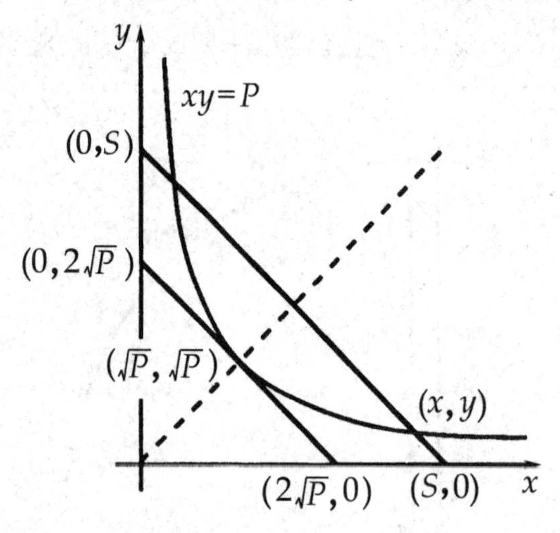

给定和 $P(x+y=P)$，则两个正数之积 $xy\leqslant\frac{P^2}{4}$，当 $x=y$ 时等式成立。

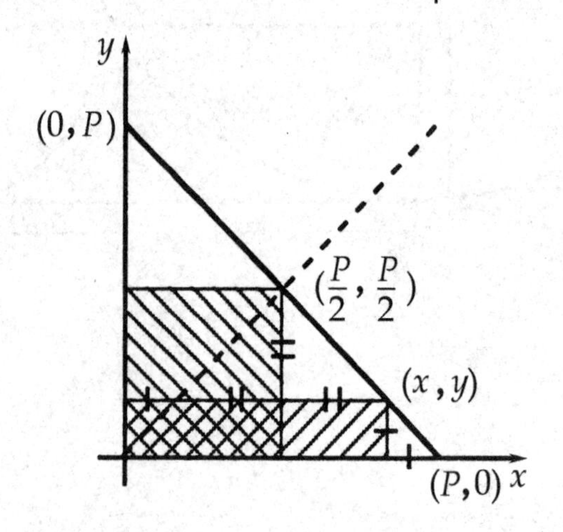

——保罗·满图奇和沃伦·佩奇（Paolo Montuchi and Warren Page）

调和平均数—几何平均数—算术平均数—平方平均数之间的不等式 I

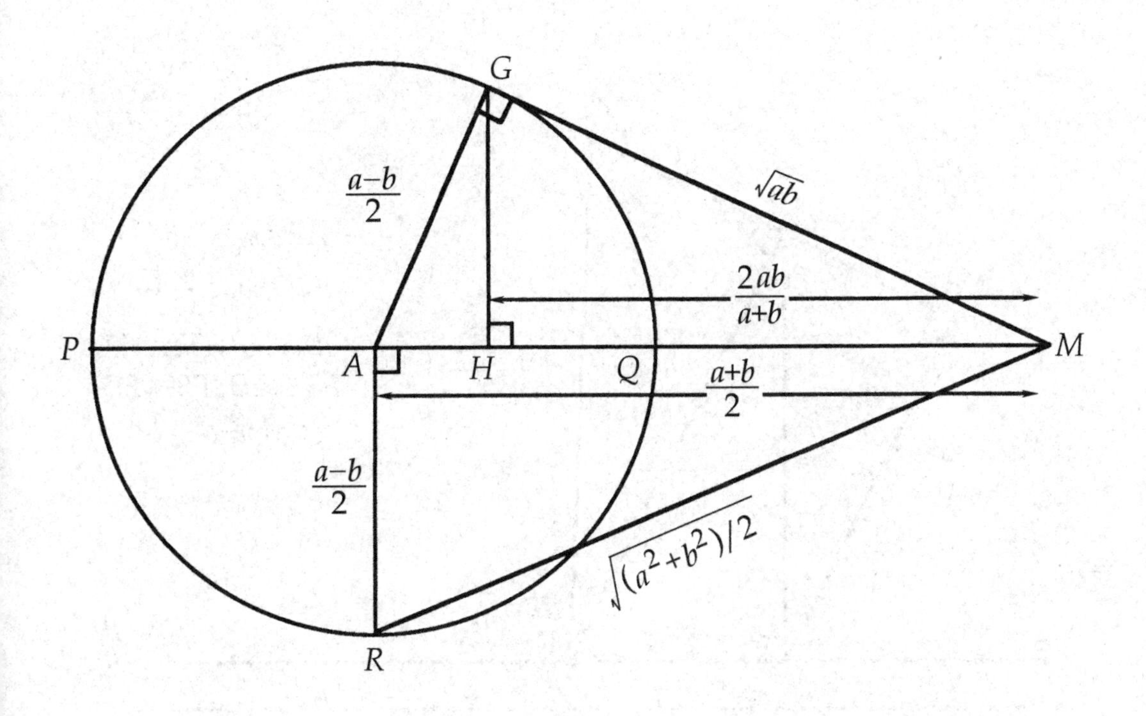

$$PM = a，QM = b，a > b > 0$$

$$HM < GM < AM < RM$$

$$\frac{2ab}{a+b} < \sqrt{ab} < \frac{a+b}{2} < \sqrt{\frac{a^2+b^2}{2}}$$

——RBN

调和平均数—几何平均数—算术平均数—平方平均数之间的不等式Ⅱ

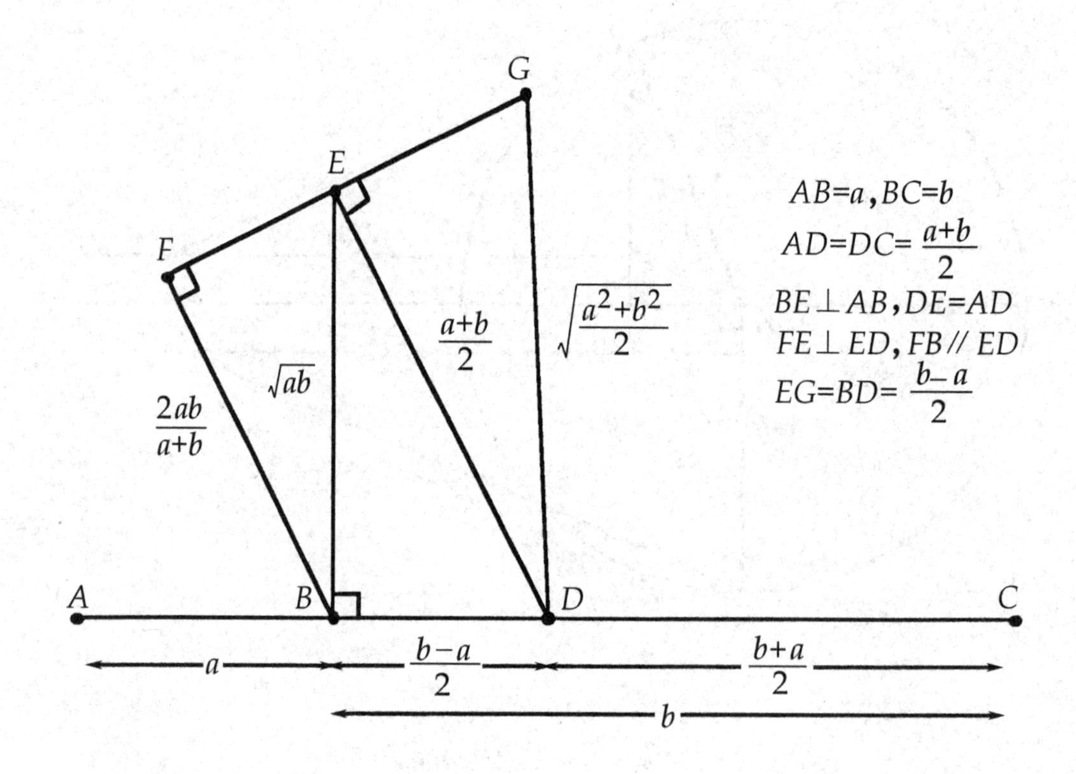

——西尼 H. 昆（Sidney H. Kung）

译注：从图形可看出 $0<a<b$，$\frac{2ab}{a+b}<\sqrt{ab}<\frac{a+b}{2}<\sqrt{\frac{a^2+b^2}{2}}$。

调和平均数—几何平均数—算术平均数—平方平均数之间的不等式Ⅲ

$$a,b>0 \Rightarrow \sqrt{\frac{a^2+b^2}{2}} \geqslant \frac{a+b}{2} \geqslant \sqrt{ab} \geqslant \frac{2ab}{a+b}$$

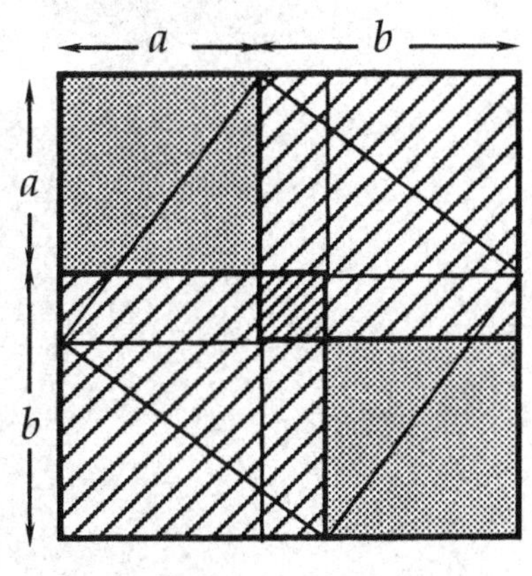

$$2a^2+2b^2 \geqslant (a+b)^2$$

$$\sqrt{\frac{a^2+b^2}{2}} \geqslant \frac{a+b}{2}$$

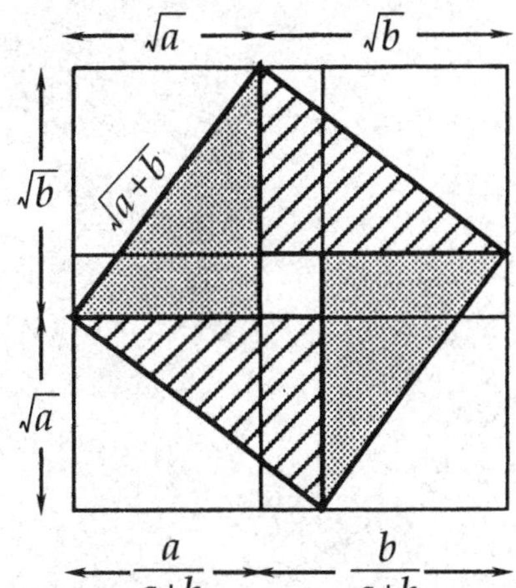

$$(\sqrt{a+b})^2 \geqslant 4 \cdot \frac{1}{2}\sqrt{a}\sqrt{b}$$

$$\frac{a+b}{2} \geqslant \sqrt{ab}$$

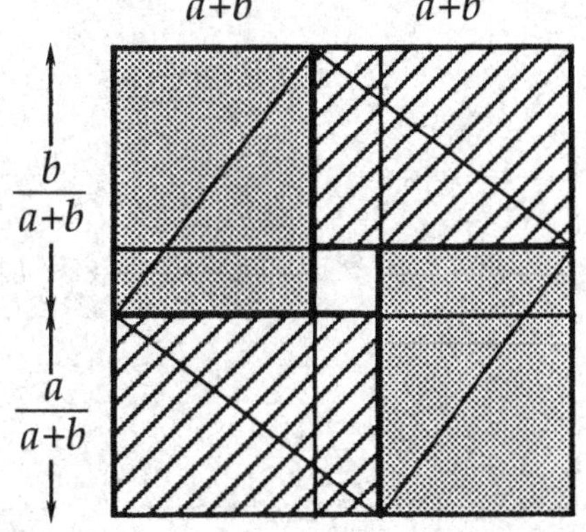

$$1 \geqslant 4\,\frac{a}{a+b} \cdot \frac{b}{a+b}$$

$$\sqrt{ab} \geqslant \frac{2ab}{a+b}$$

——RBN

五种平均数及其比较

算术平均数：$am = AM(a, b) = \frac{a+b}{2}$；

反调和平均数：$cm = CM(a, b) = \frac{a^2+b^2}{a+b}$；

几何平均数：$gm = GM(a, b) = \sqrt{ab}$；

调和平均数：$hm = HM(a, b) = \frac{2ab}{a+b}$；

平方平均数：$rms = RMS(a, b) = \sqrt{\frac{a^2+b^2}{2}}$。

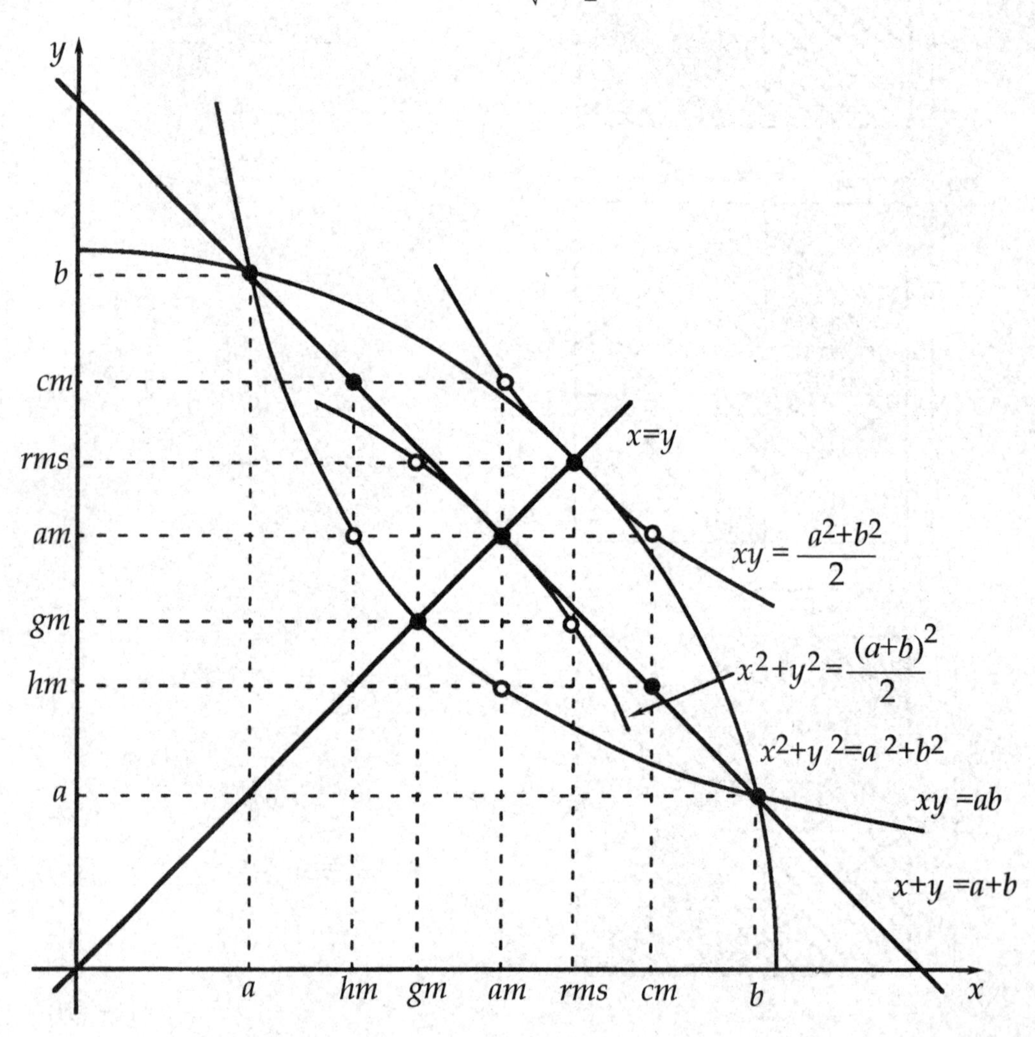

Ⅰ. $0<a<b \Rightarrow$

$$a<\frac{2ab}{a+b}<\sqrt{ab}<\frac{a+b}{2}<\sqrt{\frac{a^2+b^2}{2}}<\frac{a^2+b^2}{a+b}<b;$$

Ⅱ. $hm+cm=a+b \Rightarrow AM(hm,\ cm)=am$;

Ⅲ. $hm\cdot am=a\cdot b \Rightarrow GM(hm,\ am)=gm$;

Ⅳ. $am\cdot cm=\frac{a^2+b^2}{2} \Rightarrow GM(am,\ cm)=rms$;

Ⅴ. $gm^2+rms^2=\frac{(a+b)^2}{2} \Rightarrow RMS(gm,\ rms)=am$。

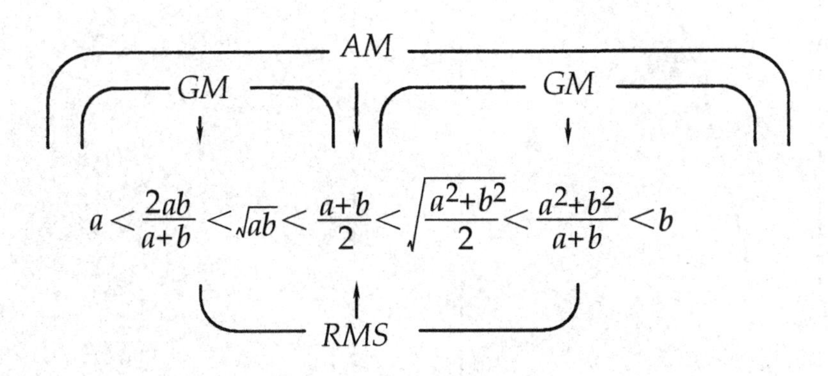

——RBN

$e^{\pi} > \pi^{e}$

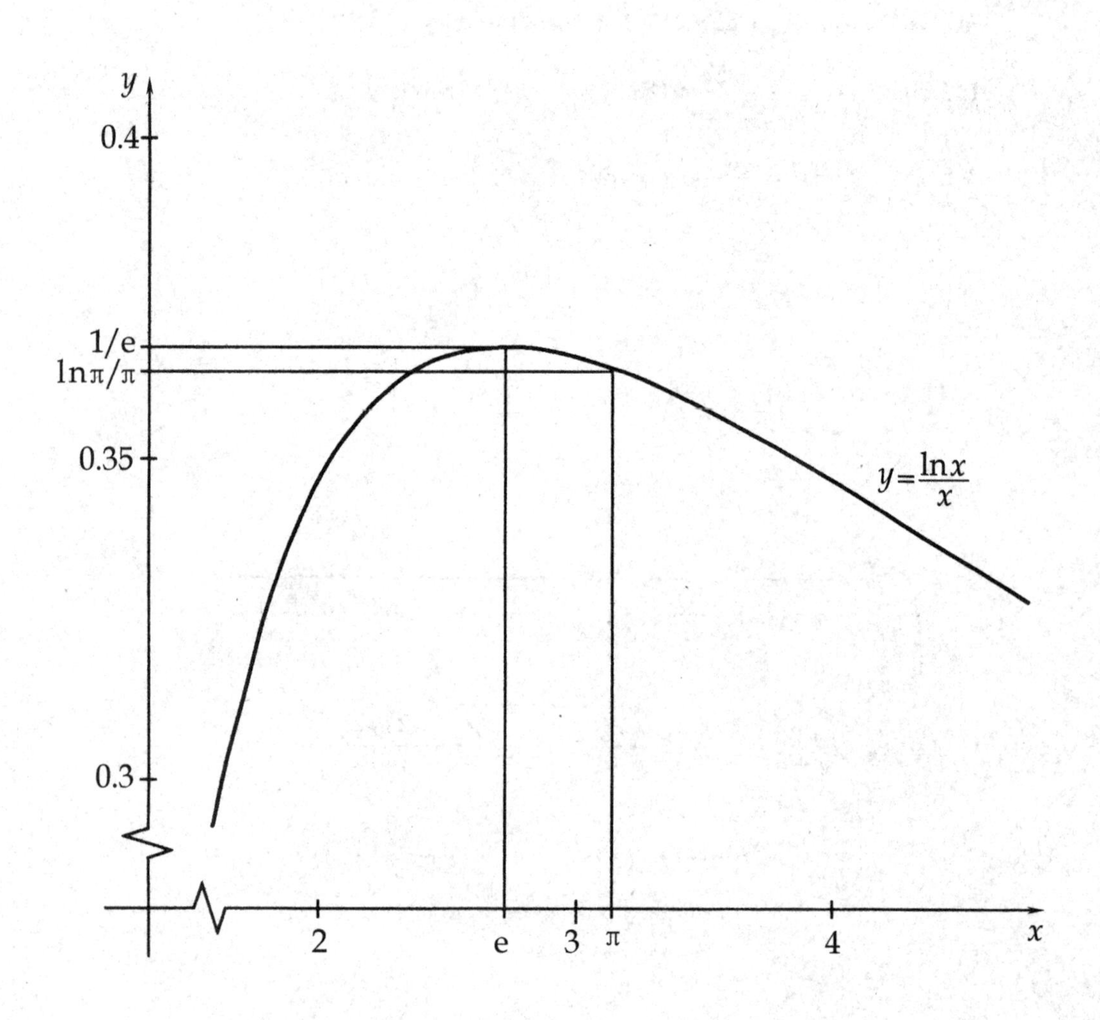

——福阿德 · 纳克里（Fouad Nakhli）

$A^B > B^A$，当 $e \leqslant A < B$

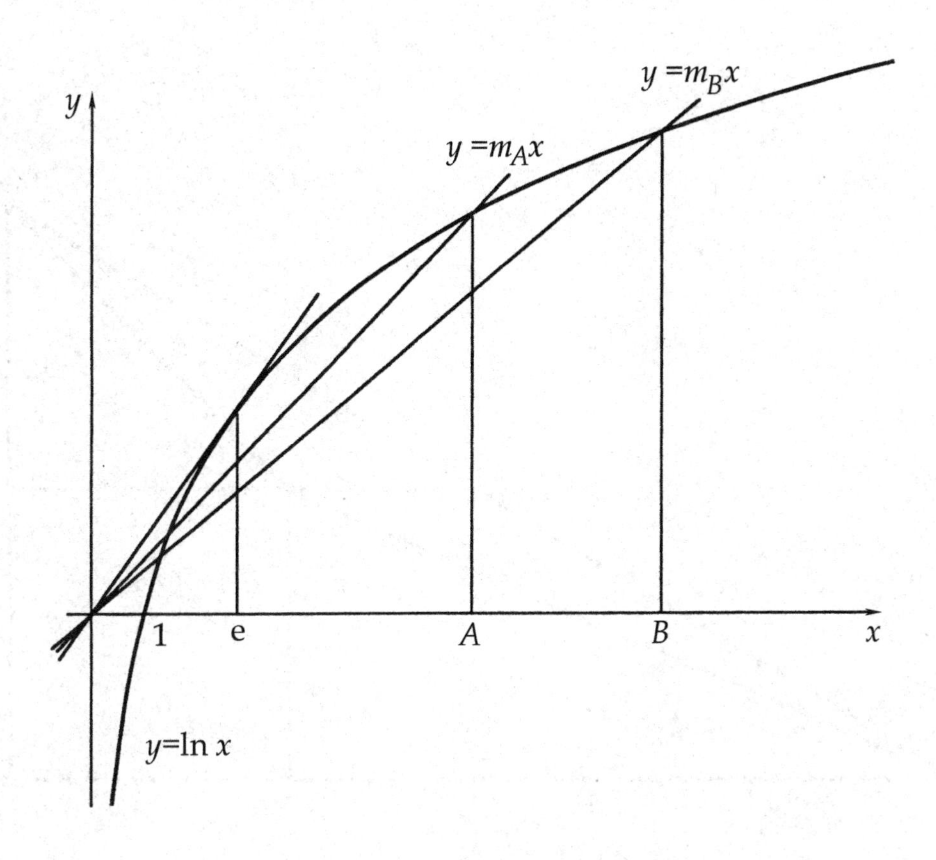

$$e \leqslant A < B \Rightarrow m_A > m_B$$

$$\Rightarrow \frac{\ln A}{A} > \frac{\ln B}{B}$$

$$\Rightarrow A^B > B^A$$

——查里斯 D. 格兰特（Charles D. Gallant）

中间点性质

$$\frac{a}{b}<\frac{c}{d}\Rightarrow\frac{a}{b}<\frac{a+c}{b+d}<\frac{c}{d}$$

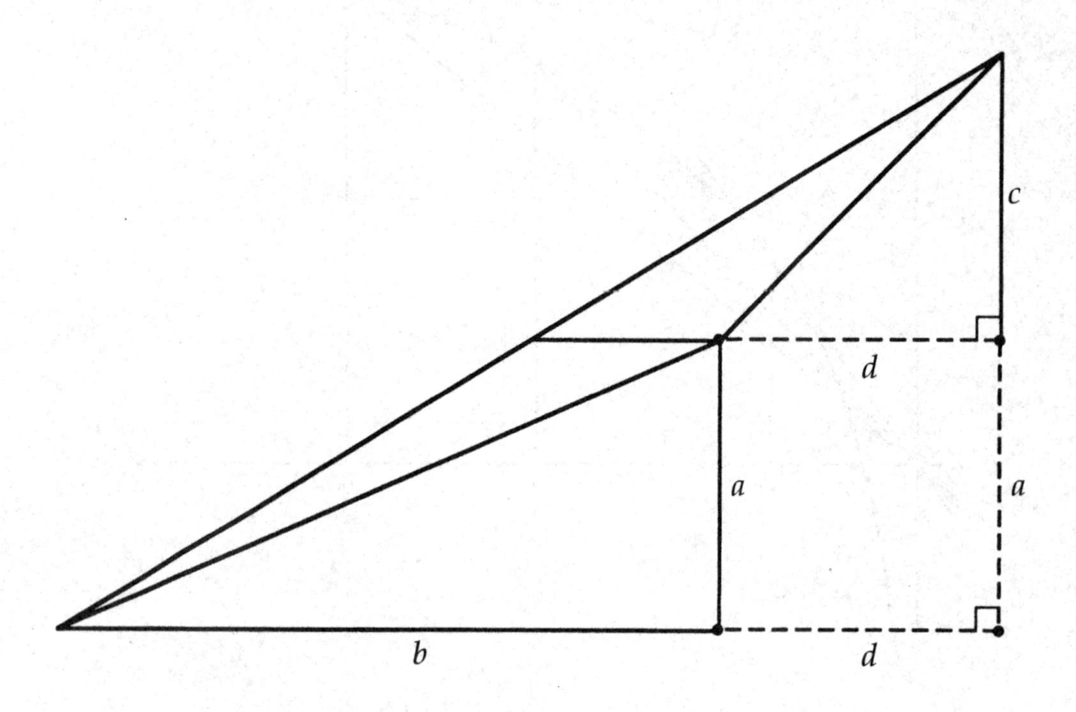

注：罗增儒教授曾指出，两杯同样多浓度分别为$\frac{a}{b}$和$\frac{d}{c}$的糖水，混合后浓度为$\frac{a+c}{b+d}$，此时浓度介于上述两浓度之间。该不等式也叫做“糖水不等式”。

——理查德 A. 吉布斯（Richard A. Gibbs）

平均数的规则（两种证明）

［尼古拉斯·丘凯（Nicolas chuquet）《数学三章》，1484］

$$a, b, c, d > 0;\ \frac{a}{b} < \frac{c}{d} \Rightarrow \frac{a}{b} < \frac{a+c}{b+d} < \frac{c}{d}$$

I.

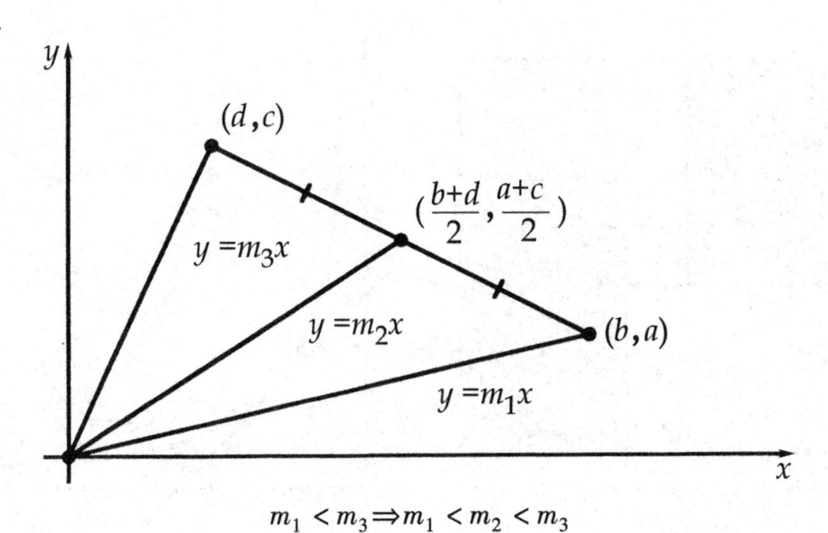

$$m_1 < m_3 \Rightarrow m_1 < m_2 < m_3$$

——李长明（Lichangming）

II.

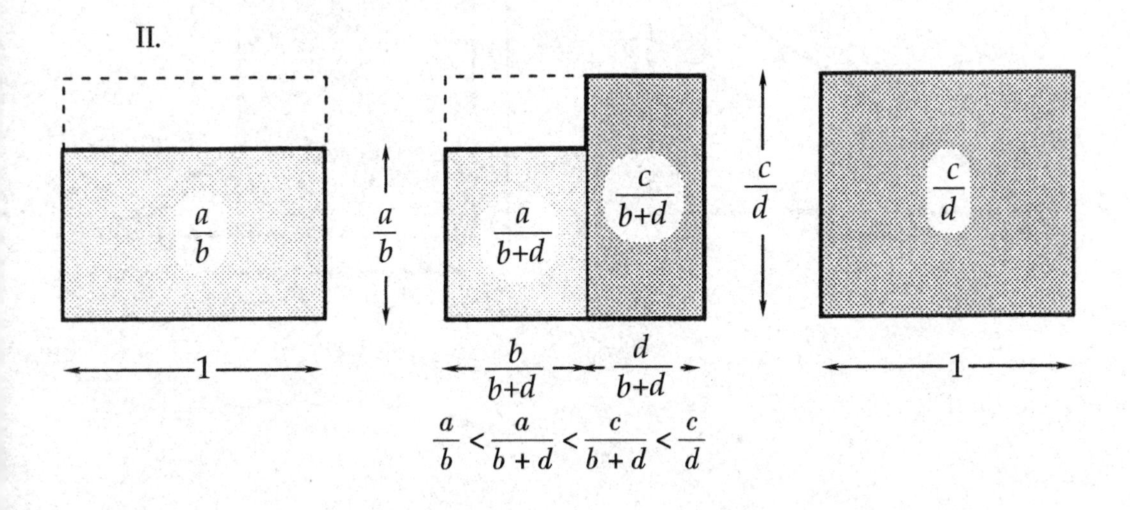

$$\frac{a}{b} < \frac{a}{b+d} < \frac{c}{b+d} < \frac{c}{d}$$

——RBN

一个正数及其倒数的和至少为2（四种证明）

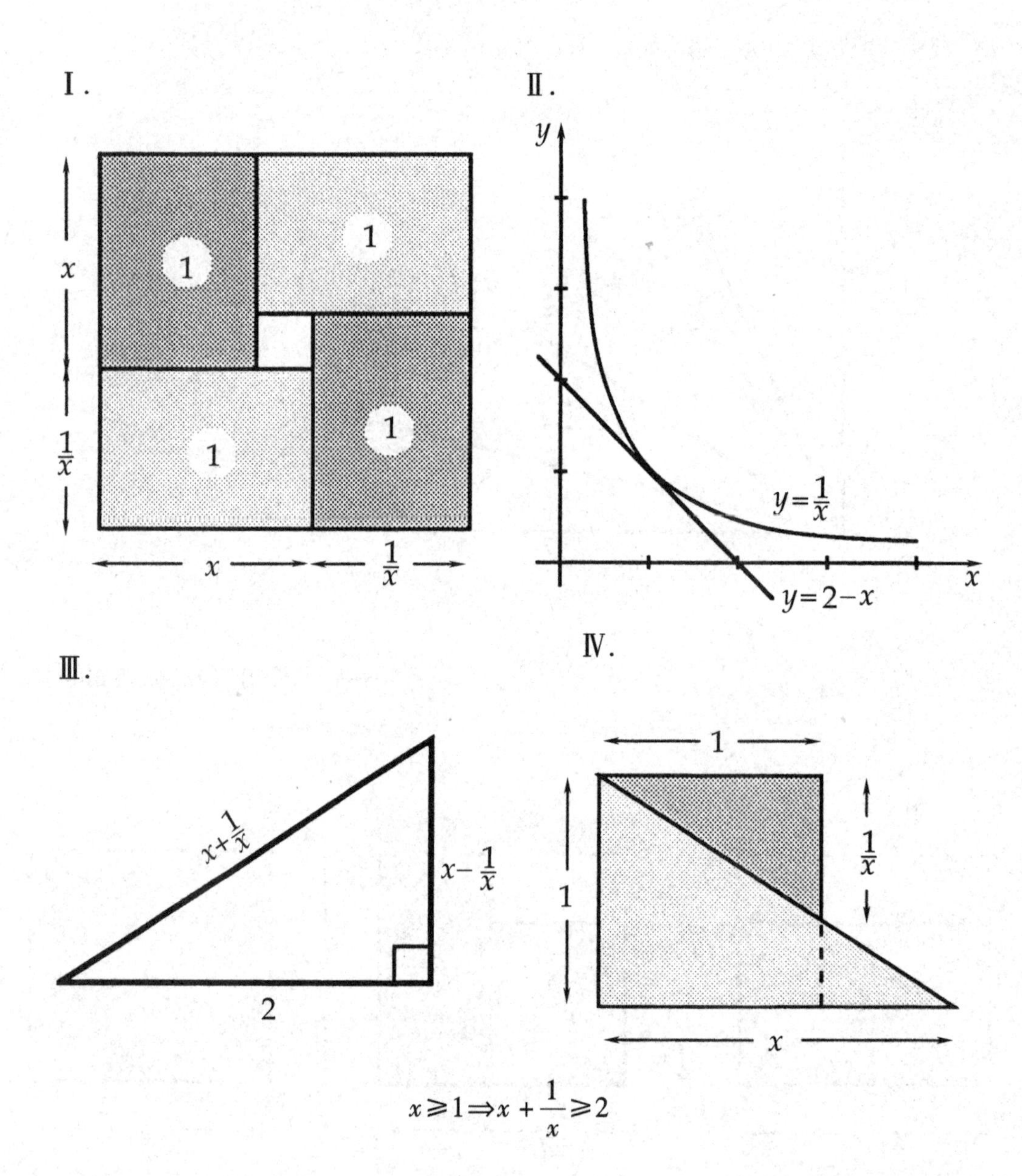

$$x \geqslant 1 \Rightarrow x+\frac{1}{x} \geqslant 2$$

——RBN

阿里斯塔克不等式

$$0<\beta<\alpha<\frac{\pi}{2}\Rightarrow\frac{\sin\alpha}{\sin\beta}<\frac{\alpha}{\beta}<\frac{\tan\alpha}{\tan\beta}$$

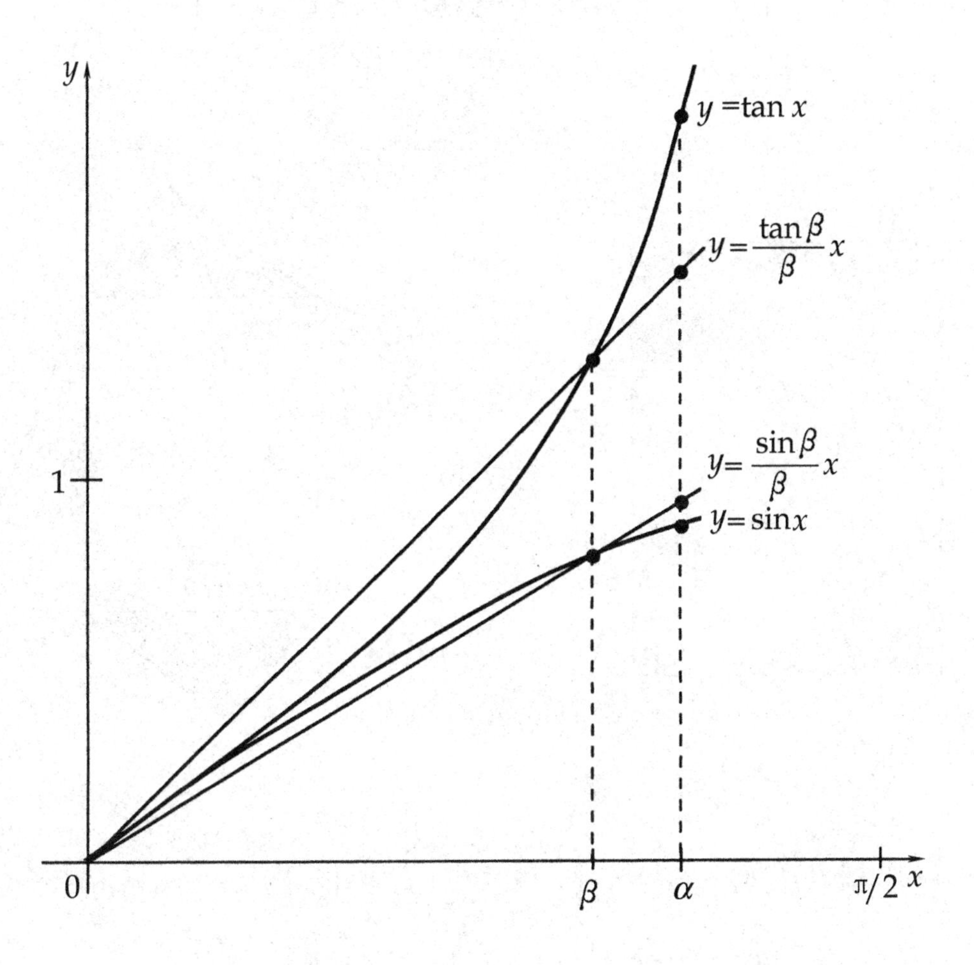

$$\sin\alpha<\frac{\sin\beta}{\beta}\alpha;\quad \frac{\tan\beta}{\beta}\alpha<\tan\alpha$$

$$\therefore\ \frac{\sin\alpha}{\sin\beta}<\frac{\alpha}{\beta}<\frac{\tan\alpha}{\tan\beta}$$

——RBN

柯西—施瓦茨不等式

$$|\langle a,\ b\rangle\cdot\langle x,\ y\rangle|\leqslant\|\langle a,\ b\rangle\|\cdot\|\langle x,\ y\rangle\|$$

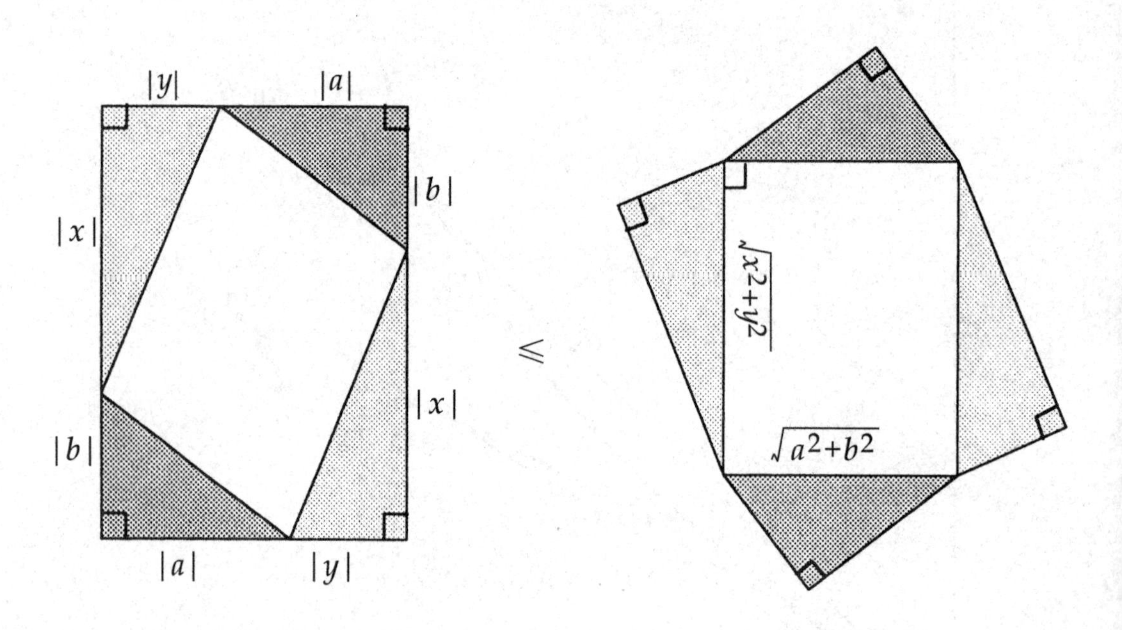

$$(|a|+|y|)(|b|+|x|)\leqslant 2\left(\frac{1}{2}|a||b|+\frac{1}{2}|x||y|\right)+\sqrt{a^2+b^2}\sqrt{x^2+y^2}$$

$$\therefore\ |ax+by|\leqslant|a||x|+|b||y|\leqslant\sqrt{a^2+b^2}\sqrt{x^2+y^2}$$

——RBN

伯努利不等式（两种证明）

$$x>0,\ x\neq 1,\ r>1\Rightarrow x^r-1>r(x-1)$$

I. 第一学期微积分

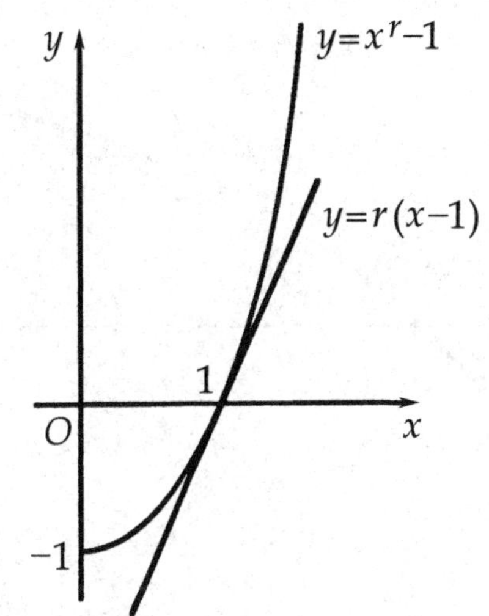

II. 第二学期微积分

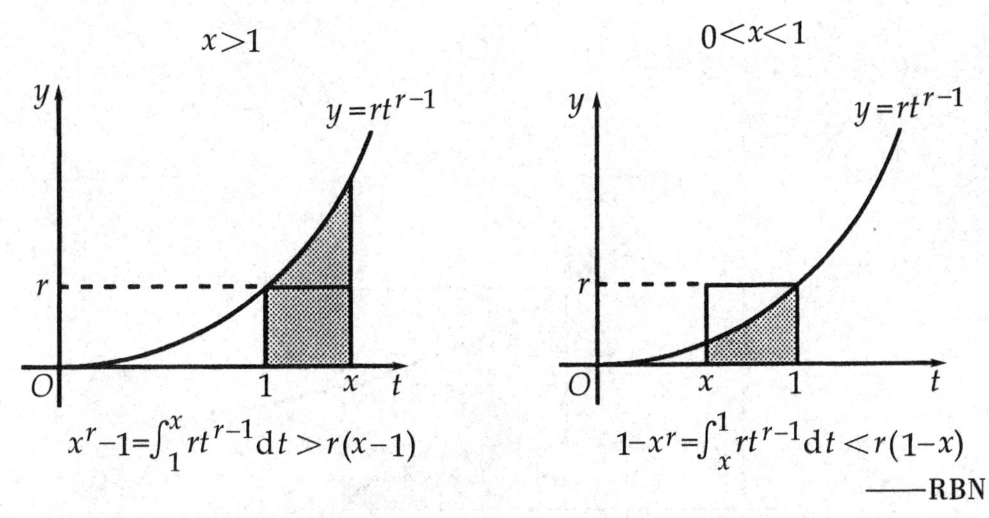

——RBN

译注：伯努利不等式是说：对任意整数 $r\geqslant 0$ 和任意实数 $x>0$，有 $x^r\geqslant 1+r(x-1)$ 成立；而对任意正整数 $r\geqslant 2$ 和任意实数 $x\geqslant 0$ 且 $x\neq 1$，有严格不等式：$x^r>1+r(x-1)$。伯努利不等式经常用作证明其他不等式的关键步骤。

纳皮尔不等式（两个证明）

$$b > a > 0 \Rightarrow \frac{1}{b} < \frac{\ln b - \ln a}{b - a} < \frac{1}{a}$$

I. （第一学期微积分）

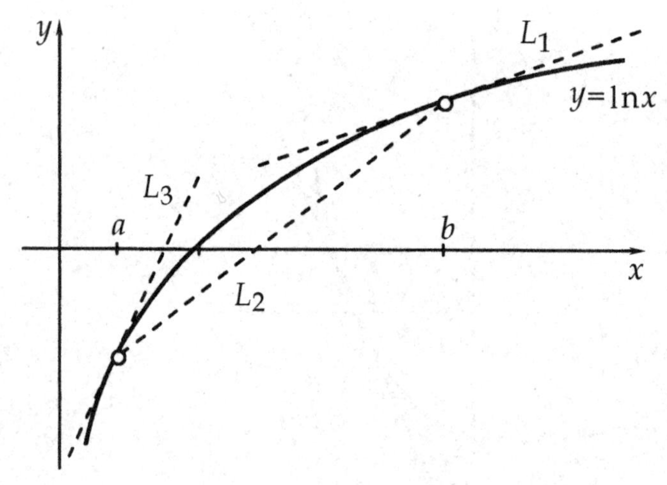

$$m(L_1) < m(L_2) < m(L_3)$$

II. （第二学期微积分）

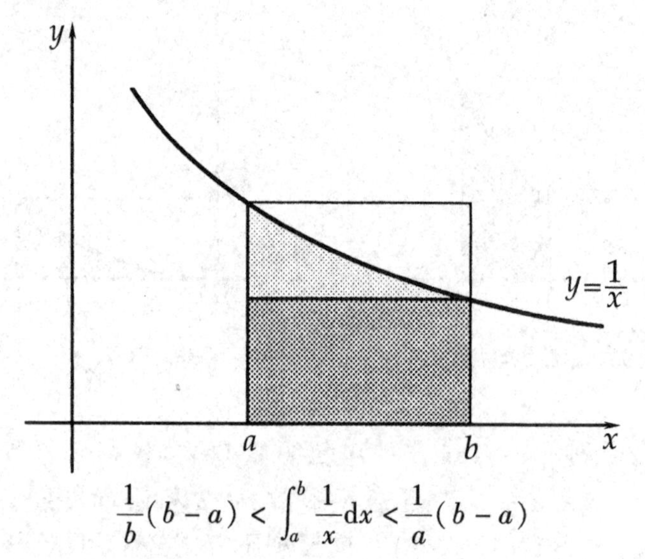

$$\frac{1}{b}(b-a) < \int_a^b \frac{1}{x}\mathrm{d}x < \frac{1}{a}(b-a)$$

——RBN

整 数 求 和

整数求和 I

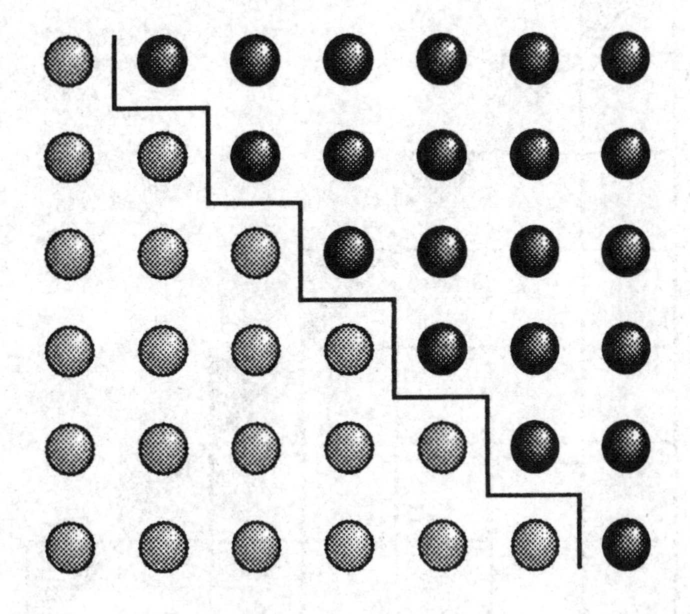

$$1+2+\cdots+n=\frac{1}{2}n(n+1)$$

——“古希腊人”（由马丁·加德纳改编）

整数求和 II

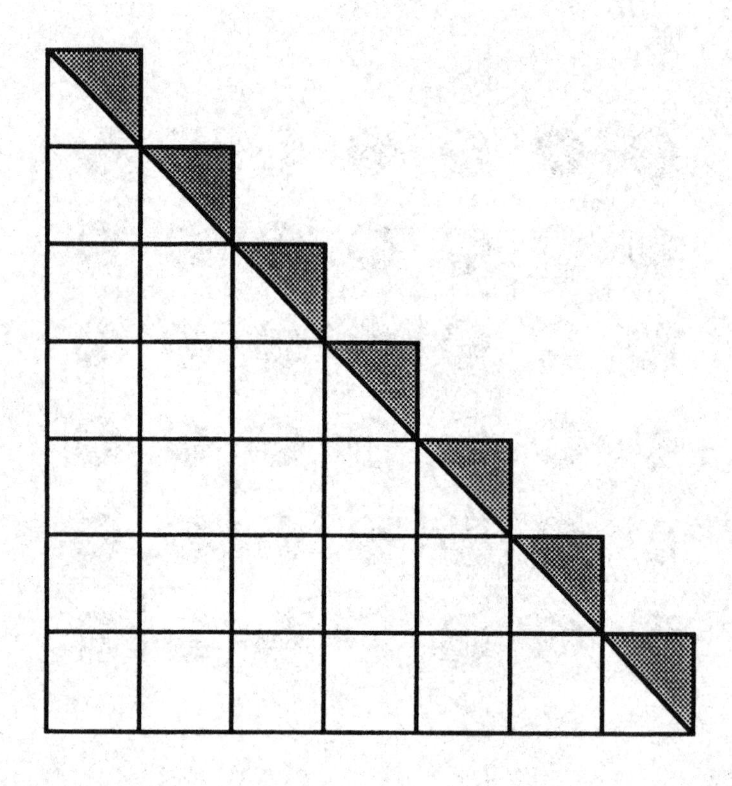

$$1+2+\cdots+n=\frac{n^2}{2}+\frac{n}{2}$$

——伊恩·理查兹（Ian Richards）

奇数求和 I

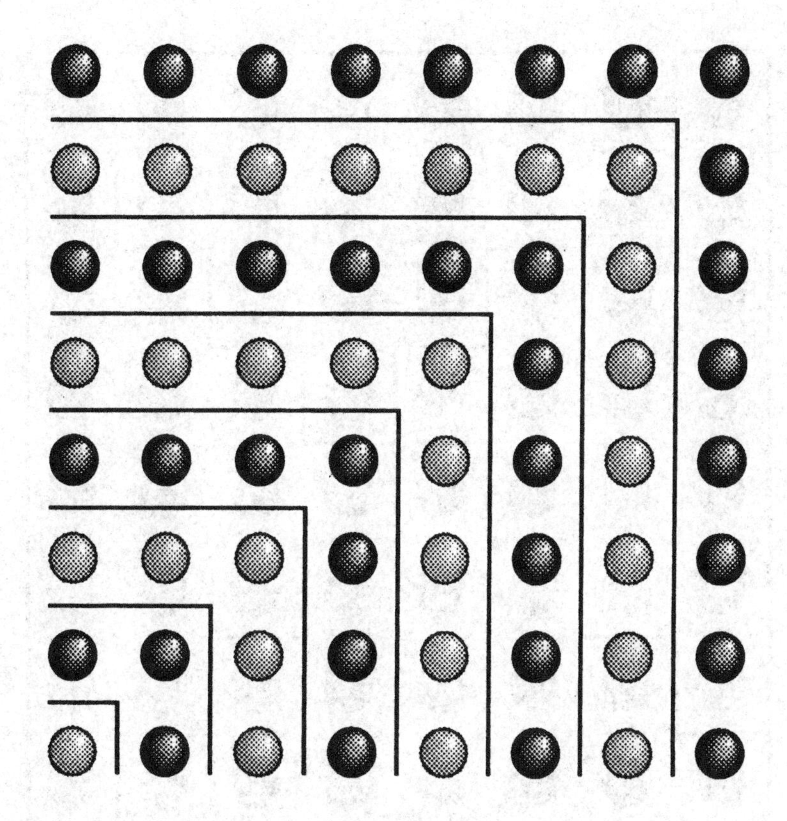

$$1+3+5+\cdots+(2n-1)=n^2$$

——尼可曼修 Nichomachus（of Gerasa）（大约公元 100 年）

奇数求和 II

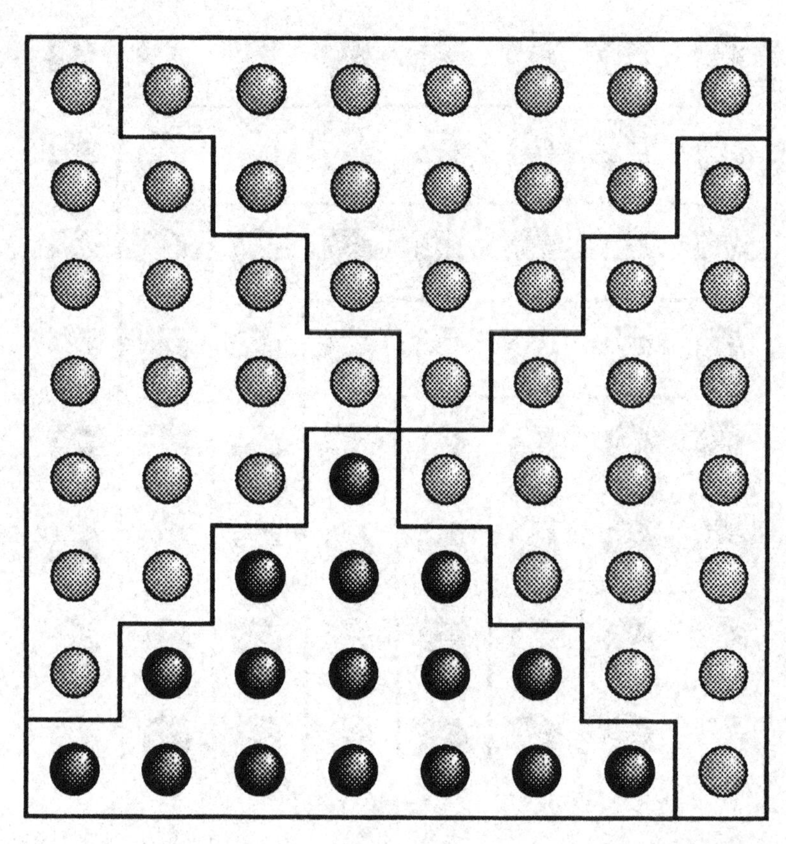

$$1+3+5+\cdots+(2n-1)=\frac{1}{4}(2n)^2=n^2$$

奇数求和Ⅲ

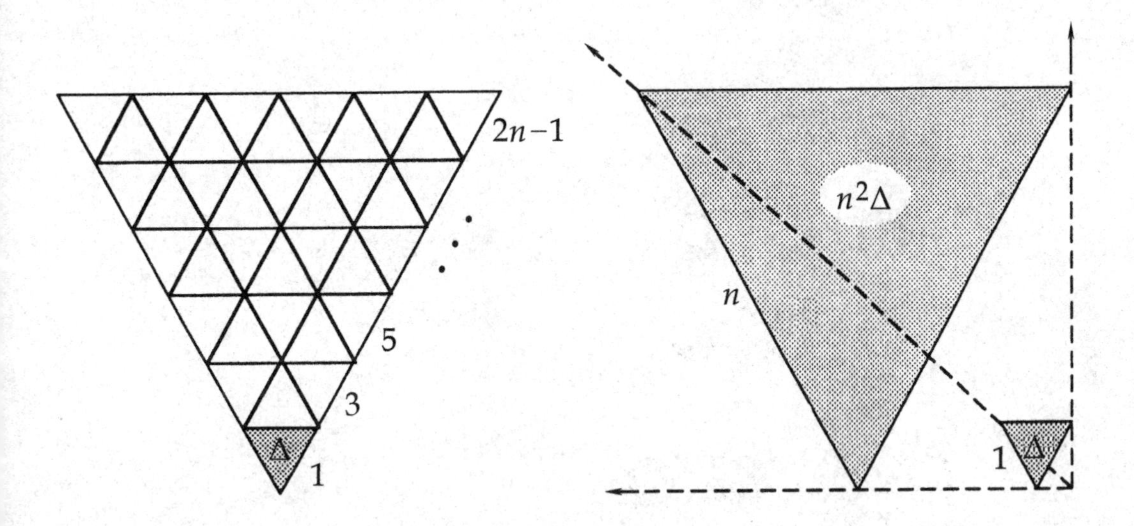

$$\Delta + 3 \cdot \Delta + \cdots + (2n-1) \cdot \Delta = A = n^2 \cdot \Delta$$

$$\sum_{i=1}^{n} (2i-1) = n^2$$

——杰诺·莱赫（Jenő Lehel）

整数求和与平方求和的关系

Ⅰ.

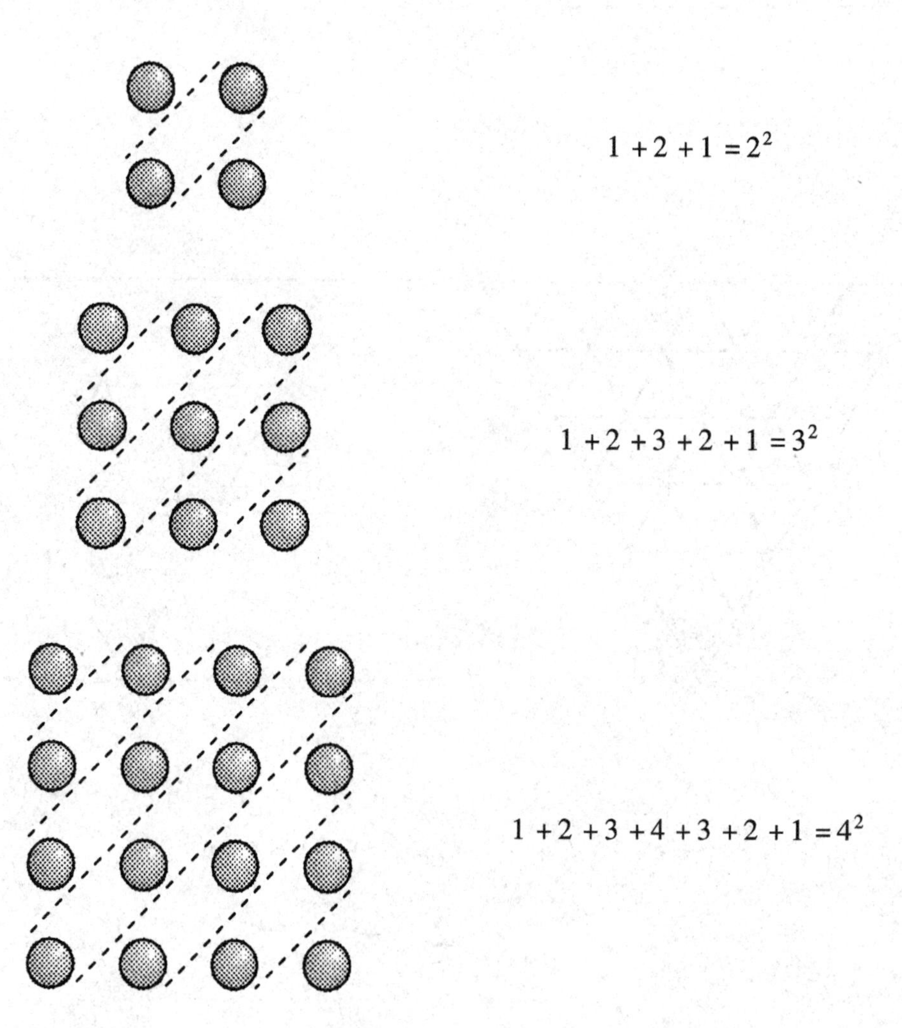

$$1+2+\cdots(n-1)+n+(n-1)+\cdots+2+1=n^2$$

——“古希腊人”（由马丁·加德纳改编）

Ⅱ.

$$1+3+1=1^2+2^2$$

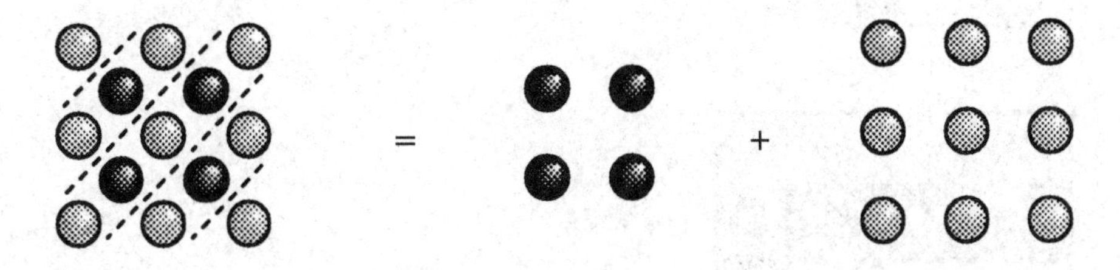

$$1+3+5+3+1=2^2+3^2$$

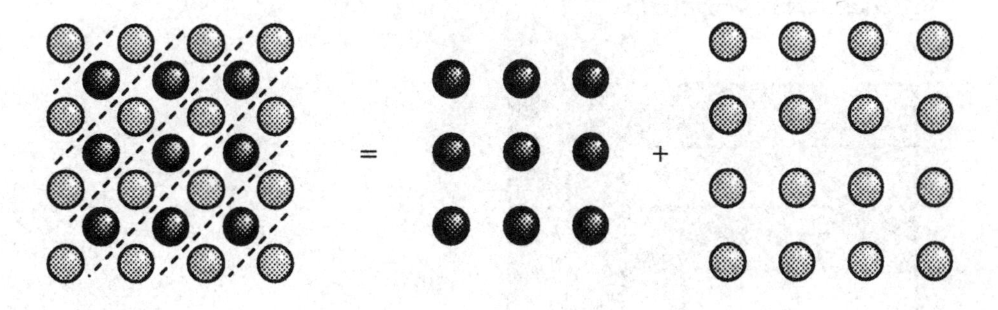

$$1+3+5+7+5+3+1=3^2+4^2$$

$$\vdots$$

$$1+3+\cdots+(2n-1)+(2n+1)+(2n-1)+\cdots+3+1=n^2+(n+1)^2$$

——金熙植（Hee Sik Kim）

算术数列的和等于中间数的平方

$$\sum_{k=n}^{3n-2} k = (2n-1)^2; n = 1, 2, 3\cdots.$$

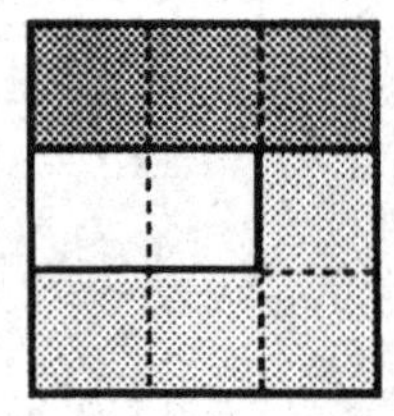

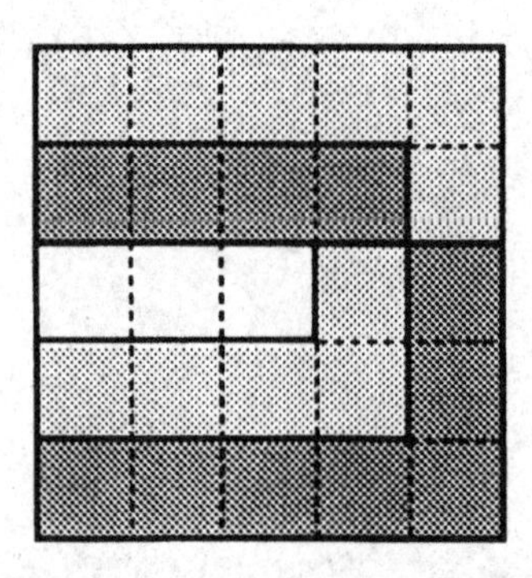

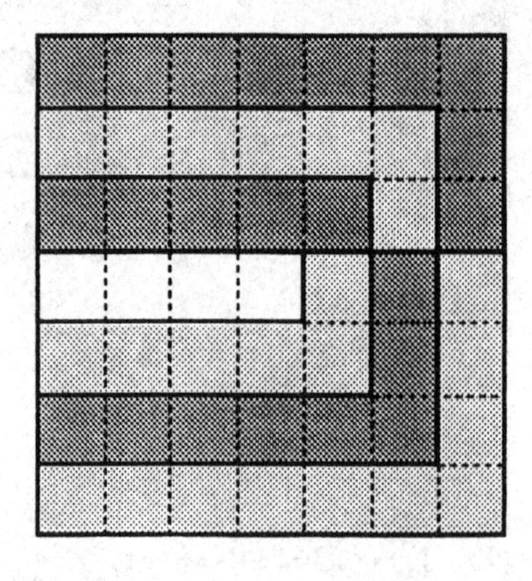

$n = 4$

$4 + 5 + 6 + 7 + 8 + 9 + 10 = 7^2$

——詹姆斯 O. 希拉卡(James O. Chilaka)

平方求和 I

$$1^2+2^2+\cdots+n^2=\frac{1}{3}n(n+1)\left(n+\frac{1}{2}\right)$$

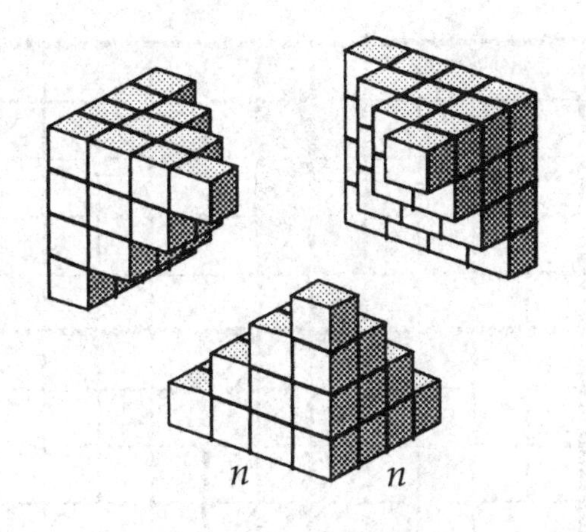

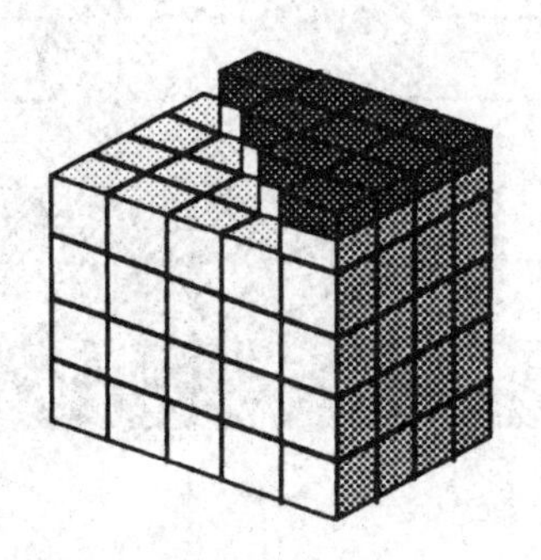

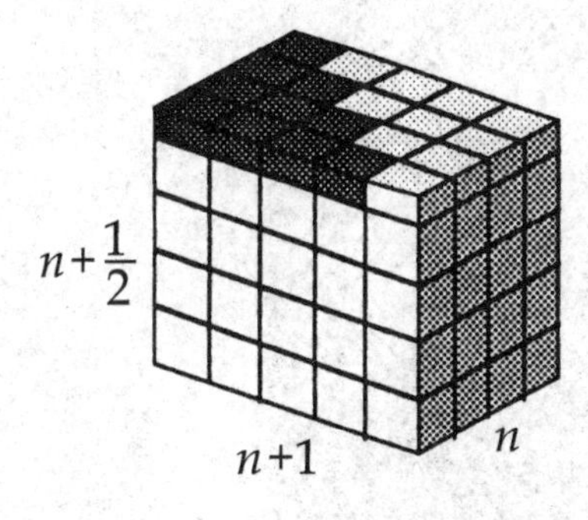

——萧文强（Man-Keung Siu）

平方求和Ⅱ

$$3(1^2+2^2+\cdots+n^2)=(2n+1)(1+2+\cdots+n)$$

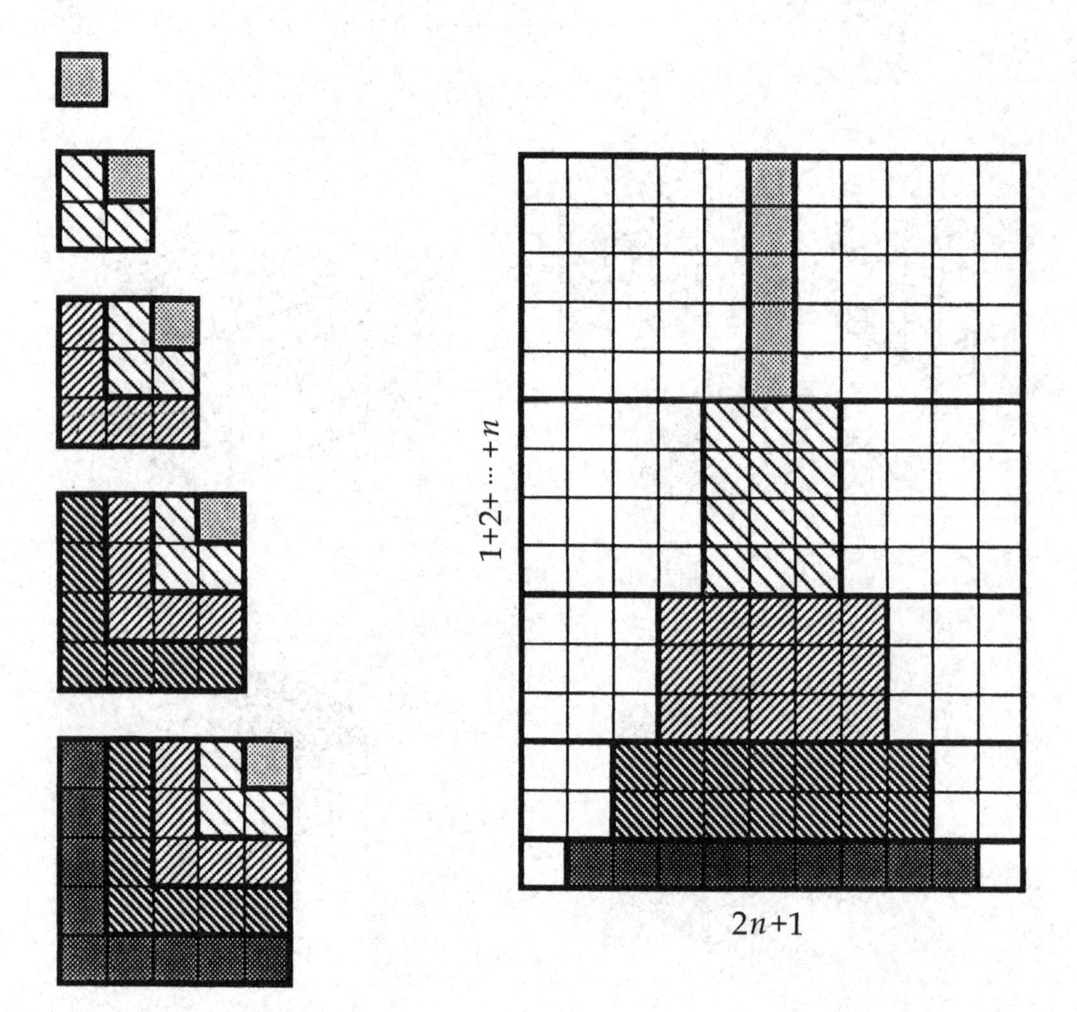

——马丁·加德纳和丹·卡尔曼（Martin Gardner and Dan Kalman）

（独立发现）

平方求和 III

$$3(1^2+2^2+\cdots+n^2)=\frac{1}{2}n(n+1)(2n+1)$$

$$\begin{array}{ccccc} n & n & \cdots & n & n \\ n-1 & n-1 & \cdots & n-1 & \\ \vdots & \vdots & \iddots & & \\ 2 & 2 & & & \\ 1 & & & & \end{array} + \begin{array}{ccccc} n & n-1 & \cdots & 2 & 1 \\ n & n-1 & \cdots & 2 & \\ \vdots & \vdots & \iddots & & \\ n & n-1 & & & \\ n & & & & \end{array} + \begin{array}{ccccc} 1 & 2 & \cdots & n-1 & n \\ 2 & 3 & \cdots & n & \\ \vdots & \vdots & \iddots & & \\ n-1 & n & & & \\ n & & & & \end{array}$$

$$= \begin{array}{ccccc} 2n+1 & 2n+1 & \cdots & 2n+1 & 2n+1 \\ 2n+1 & 2n+1 & \cdots & 2n+1 & \\ \vdots & \vdots & \iddots & & \\ 2n+1 & 2n+1 & & & \\ 2n+1 & & & & \end{array}$$

——西尼 H. 昆（Sidney H. Kung）

平方求和Ⅳ

$$\sum_{k=1}^{n} k^2 = \left(\sum_{k=1}^{n} k\right)^2 - 2\sum_{k=1}^{n-1}\left[\left(\sum_{i=1}^{k} i\right)(k+1)\right]$$

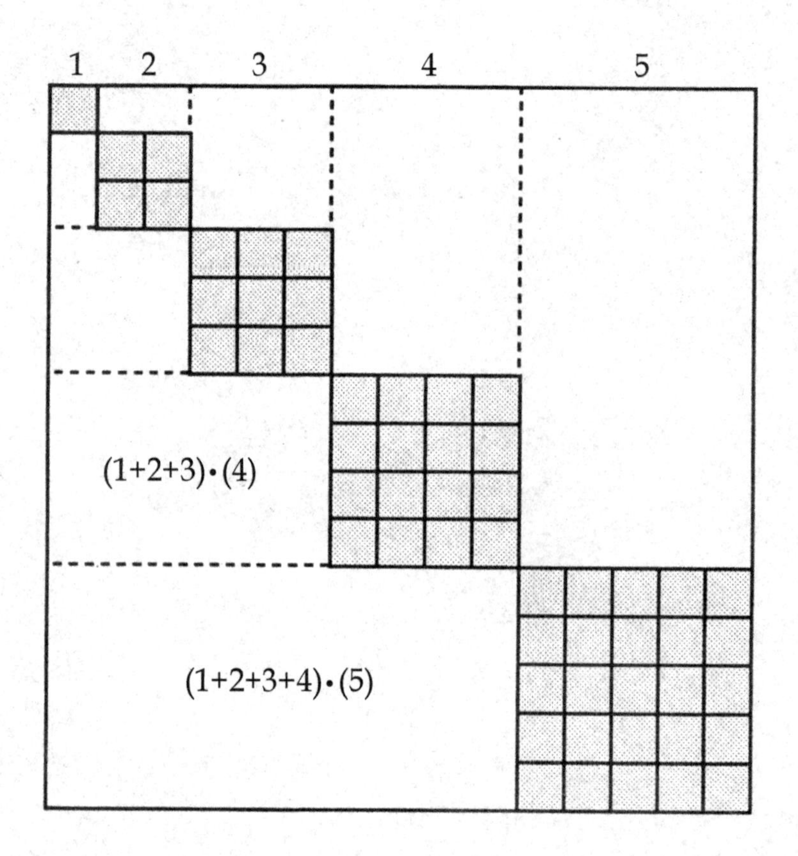

——詹姆斯 O. 希拉卡（James O. Chilaka）

平方求和 V

$$\sum_{i=1}^{n}\sum_{j=i}^{n} j = \sum_{i=1}^{n} i^2$$

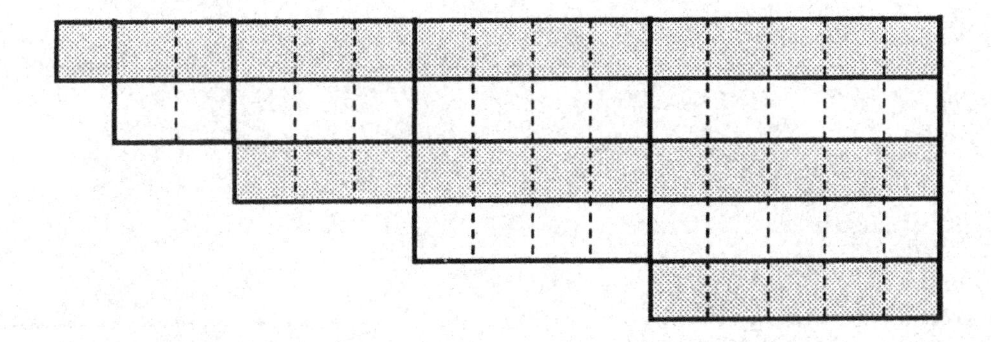

——庄皮春（Pi-Chun Chuang）

交替项的平方求和

Ⅰ.

$$\sum_{k=1}^{n}(-1)^{k+1}k^2=(-1)^{n+1}T_n=(-1)^{n+1}\frac{n(n+1)}{2}$$

——戴夫·罗果塞提（Dave Logothetti）

Ⅱ.

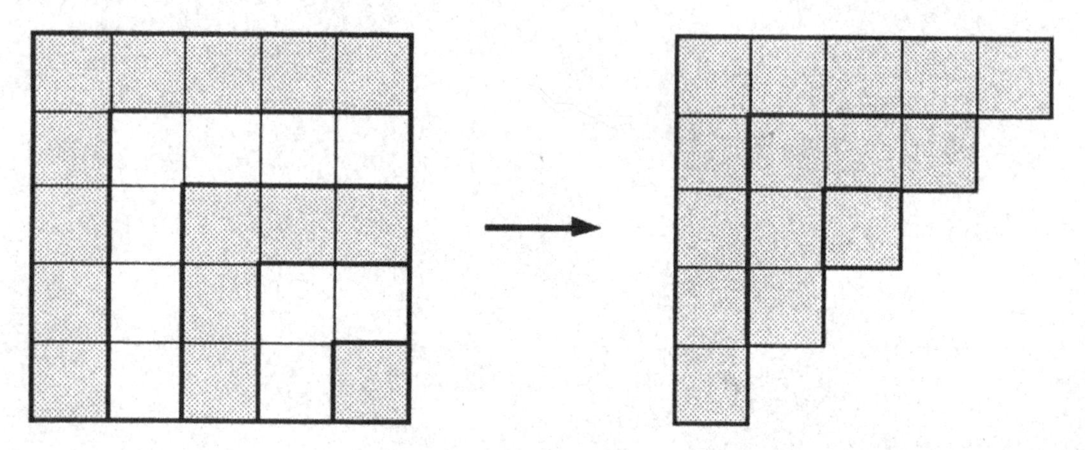

$$n^2-(n-1)^2+\cdots+(-1)^{n-1}(1)^2=\sum_{k=0}^{n}(-1)^k(n-k)^2=\frac{n(n+1)}{2}$$

——史蒂文 L. 斯诺维（Steven L. Snover）

斐波那契数列的平方求和

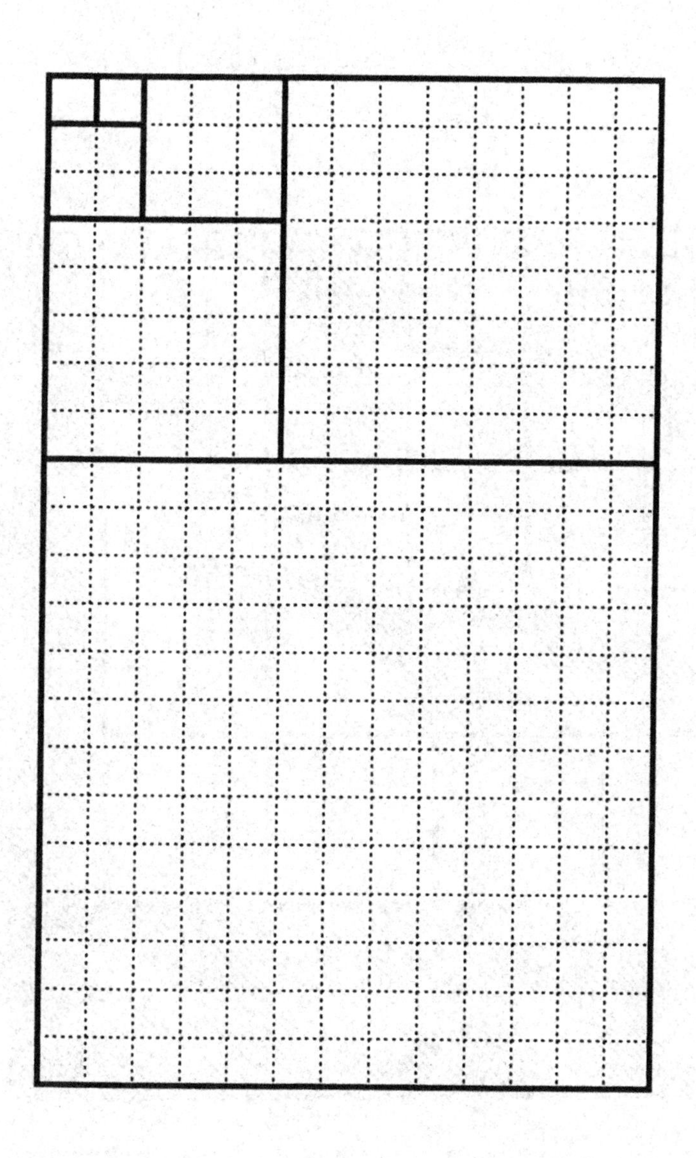

$$F_1=F_2=1;F_{n+2}=F_{n+1}+F_n \Rightarrow F_1^2+F_2^2+\cdots+F_n^2=F_nF_{n+1}$$

——阿尔弗雷德·布鲁索（Alfred Brousseau）

立方求和 I

$$1^3+2^3+3^3+\cdots+n^3=(1+2+3+\cdots+n)^2$$

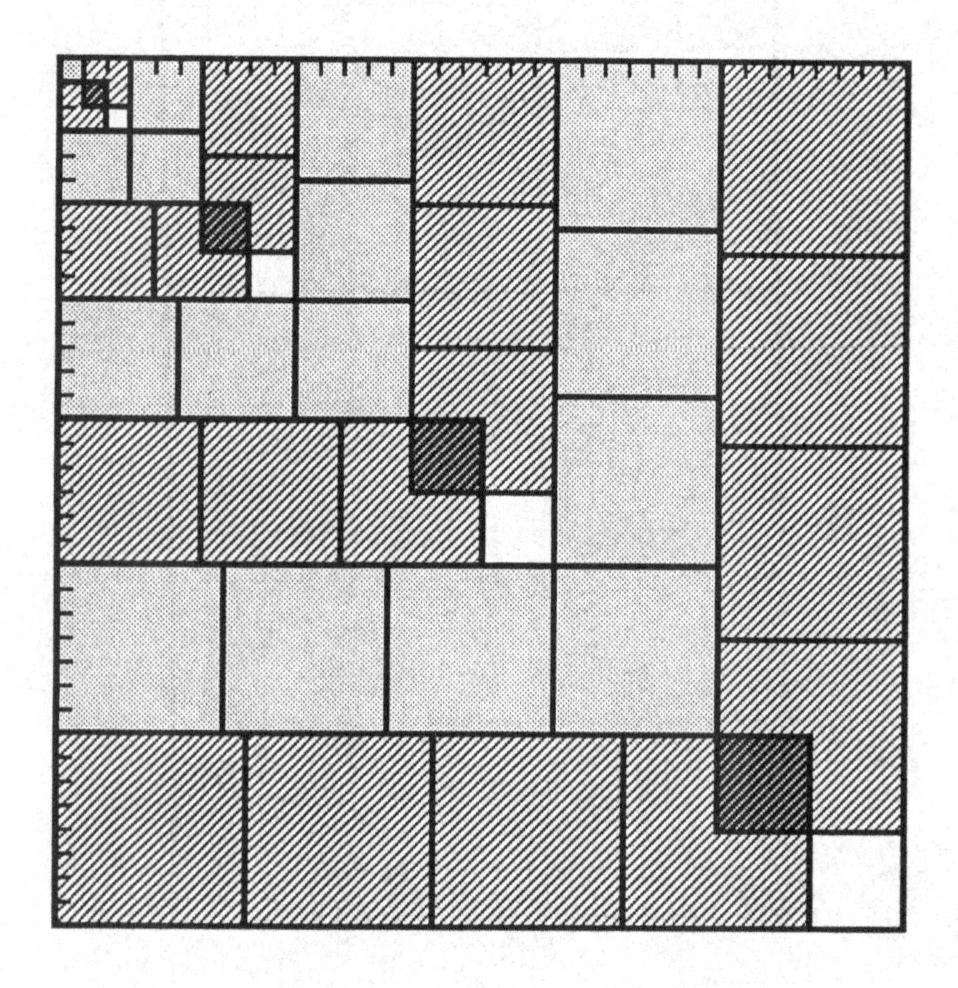

——所罗门 W. 戈隆布（Solomon W. Golomb）

立方求和Ⅱ

$$1^3+2^3+3^3+\cdots+n^3=(1+2+3+\cdots+n)^2$$

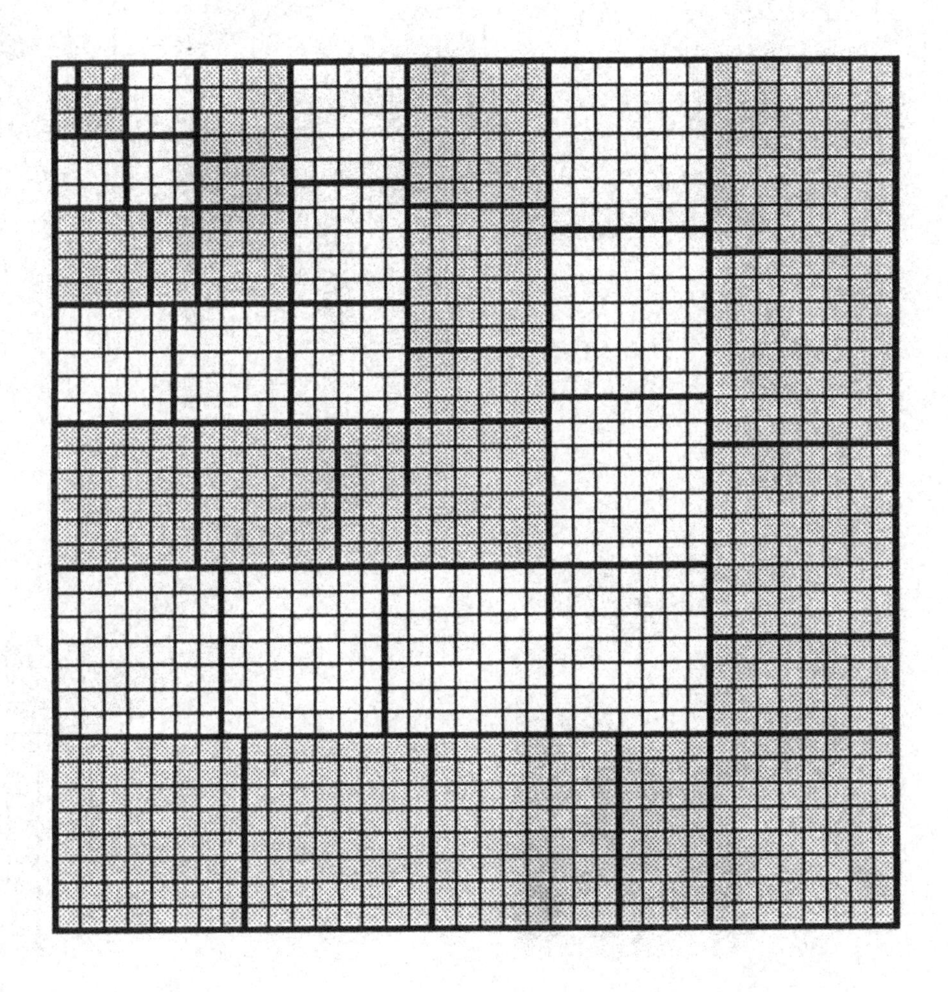

——J. 巴里·拉乌（J. Barry Love）

立方求和Ⅲ

$$1^3+2^3+3^3+\cdots+n^3=(1+2+3+\cdots+n)^2$$

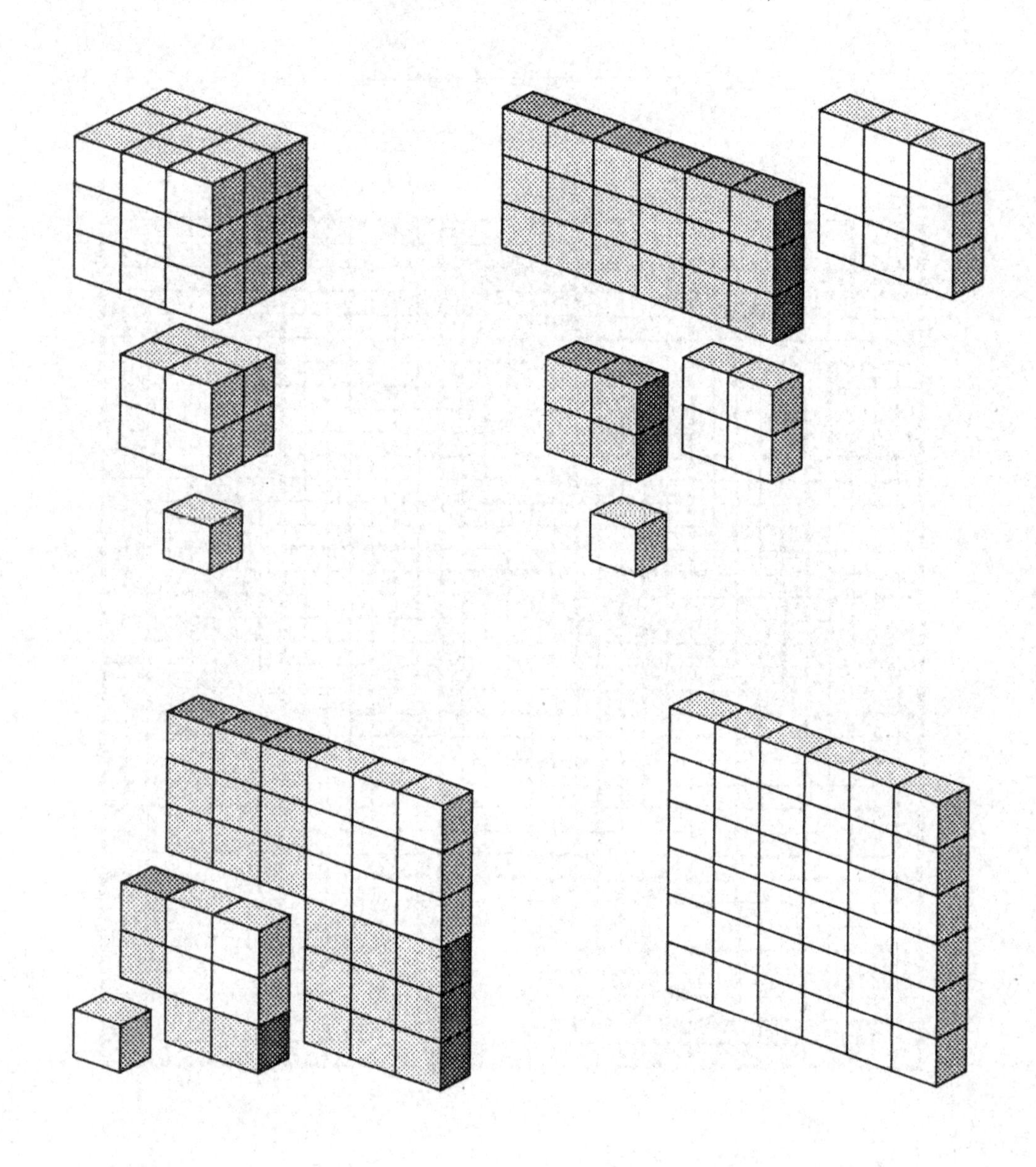

——艾伦 L. 福瑞（Alan L. Fry）

立方求和Ⅳ

$$1^3+2^3+3^3+\cdots+n^3=\frac{1}{4}[n(n+1)]^2$$

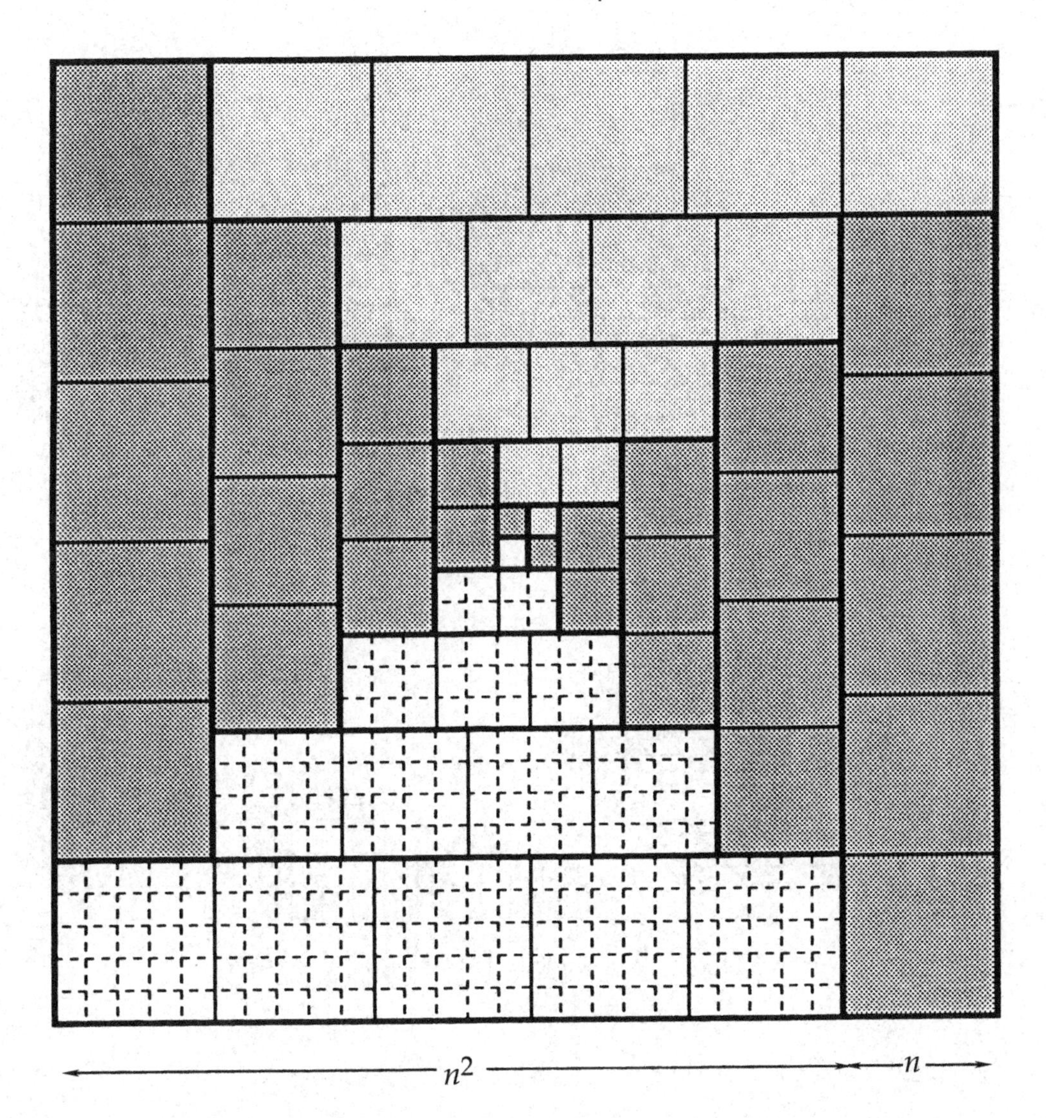

——安东内拉·卡普拉瑞和沃伦·拉西芭

(Antonella Cupillari and Warren Lushbaugh)

(独立发现)

立方求和 V

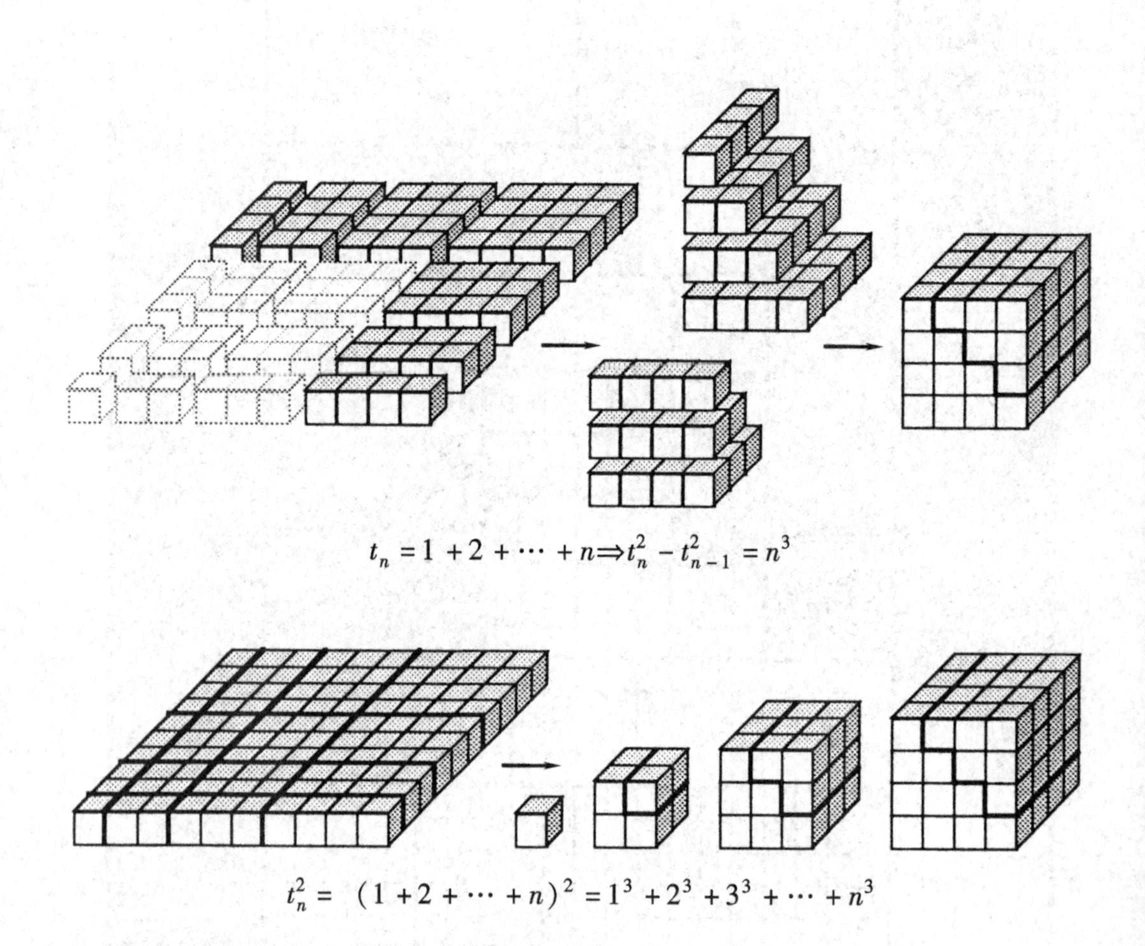

$$t_n = 1 + 2 + \cdots + n \Rightarrow t_n^2 - t_{n-1}^2 = n^3$$

$$t_n^2 = (1 + 2 + \cdots + n)^2 = 1^3 + 2^3 + 3^3 + \cdots + n^3$$

——RBN

立方求和 VI

$$\begin{array}{rccccccc} & 1 & 2 & 3 & \cdot & \cdot & \cdot & n \\ + & 2 & 4 & 6 & \cdot & \cdot & \cdot & 2n \\ + & 3 & 6 & 9 & \cdot & \cdot & \cdot & 3n \\ + & \cdot & \cdot & \cdot & \cdot & \cdot & \cdot & \cdot \\ \cdot & \cdot & \cdot & \cdot & \cdot & \cdot & \cdot & \cdot \\ \cdot & \cdot & \cdot & \cdot & \cdot & \cdot & \cdot & \cdot \\ + & n & 2n & 3n & \cdot & \cdot & \cdot & n^2 \end{array}$$

$$=\sum_{i=1}^{n} i + 2\sum_{i=1}^{n} i + \cdots + n\sum_{i=1}^{n} i$$

$$=\left(\sum_{i=1}^{n} i\right)^2$$

$$\begin{array}{rccccccc} & 1 & 2 & 3 & \cdot & \cdot & \cdot & n \\ + & 2 & 4 & 6 & \cdot & \cdot & \cdot & 2n \\ + & 3 & 6 & 9 & \cdot & \cdot & \cdot & 3n \\ + & \cdot & \cdot & \cdot & \cdot & \cdot & \cdot & \cdot \\ \cdot & \cdot & \cdot & \cdot & \cdot & \cdot & \cdot & \cdot \\ \cdot & \cdot & \cdot & \cdot & \cdot & \cdot & \cdot & \cdot \\ + & n & 2n & 3n & \cdot & \cdot & \cdot & n^2 \end{array}$$

$$=1(1)^2 + 2(2)^2 + \cdots + n(n)^2$$

$$=\sum_{i=1}^{n} i^3$$

——法胡德 · 波尤塞菲（Farhood Pouryoussefi）

整数求和与立方求和

$$1+2+\cdots+n=\frac{1}{2}n(n+1)$$

$$1^3+2^3+\cdots+n^3=\left[\frac{1}{2}n(n+1)\right]^2$$

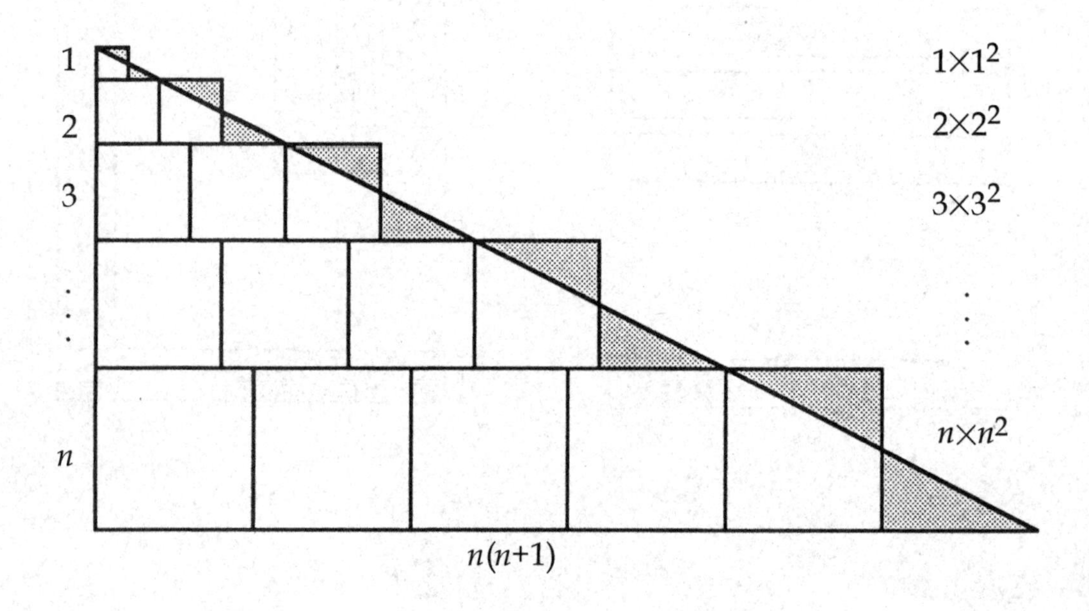

——乔治·施拉格（Georg Schrage）

奇数立方和是三角数

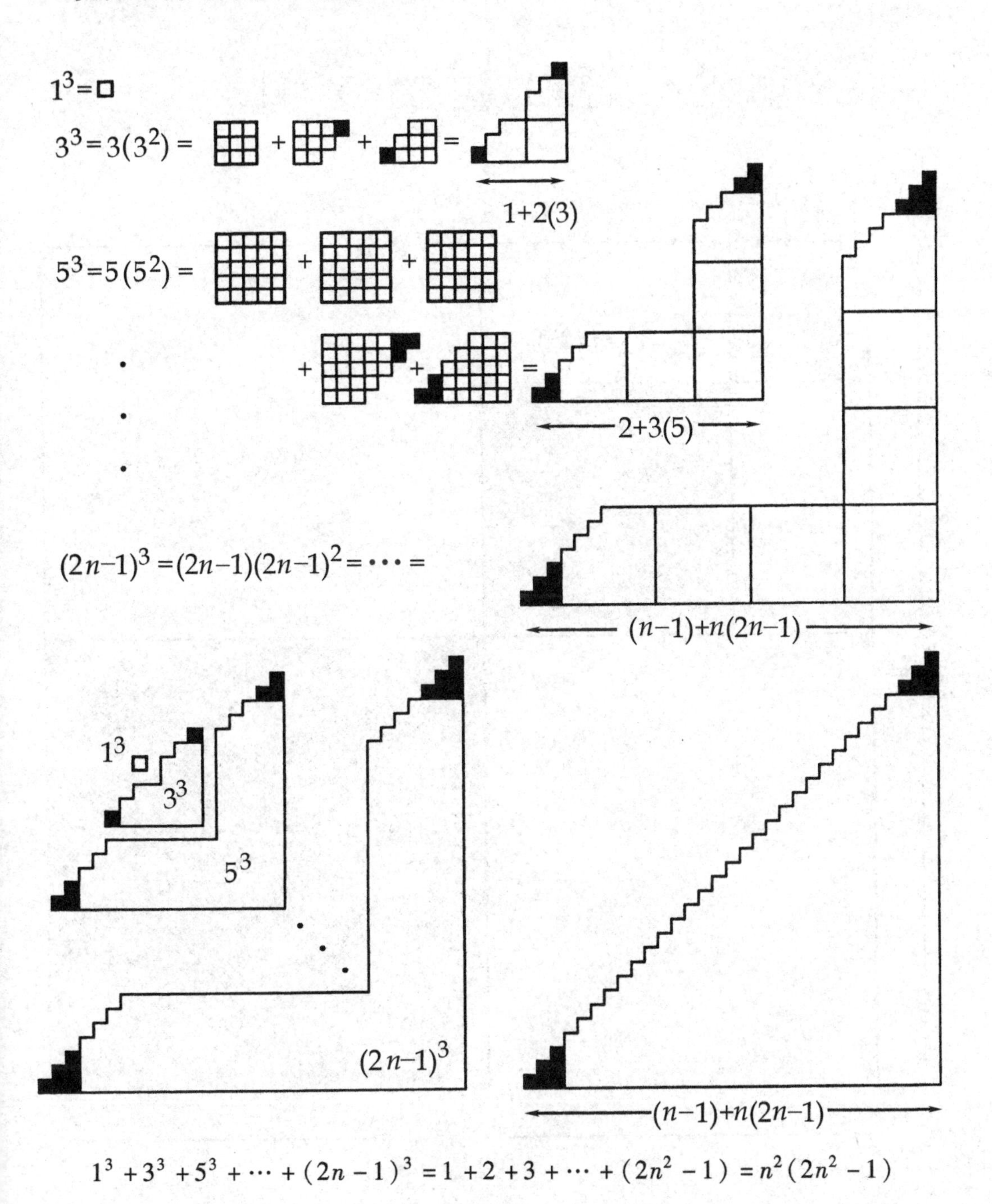

$$1^3+3^3+5^3+\cdots+(2n-1)^3=1+2+3+\cdots+(2n^2-1)=n^2(2n^2-1)$$

——蒙特 J. 泽格（Monte J. Zerger）

四次方的求和

$$\sum_{i=1}^{n} i^4 = \left(\sum_{i=1}^{n} i^2\right)^2 - 2\left[\sum_{k=2}^{n}\left(k^2\sum_{i=1}^{k-1} i^2\right)\right]$$

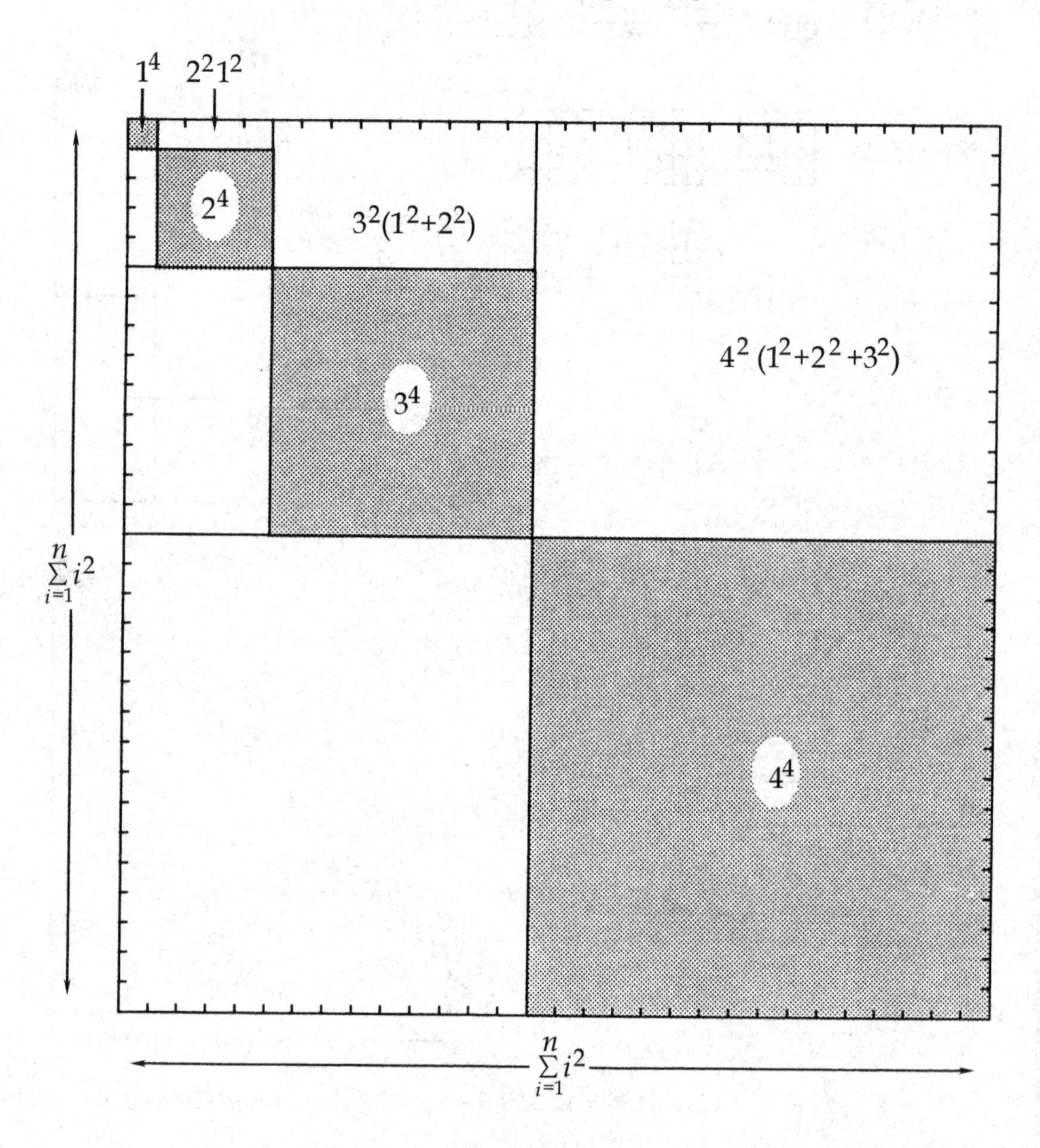

——伊丽莎白 M. 马克姆（Elizabeth M. Markham）

K次方可看成连续奇数的和

$$n^k=(n^{k-1}-n+1)+(n^{k-1}-n+3)+\cdots+(n^{k-1}-n+2n-1);$$
$$k=2,3\cdots.$$

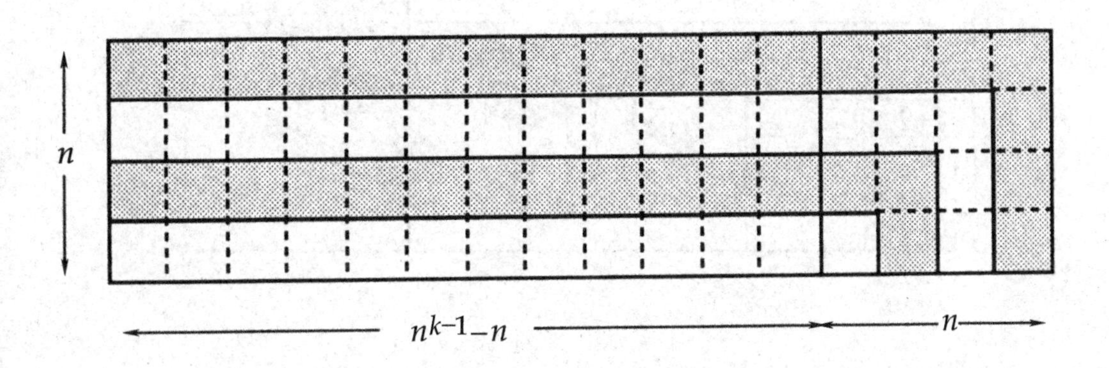

——N. 巴拉克利希南·奈尔（N. Gopalakrishnan Nair）

三角数的求和 I

$$T_n = 1 + 2 + \cdots + n \Rightarrow T_1 + T_2 + \cdots + T_n = \frac{n(n+1)(n+2)}{6}$$

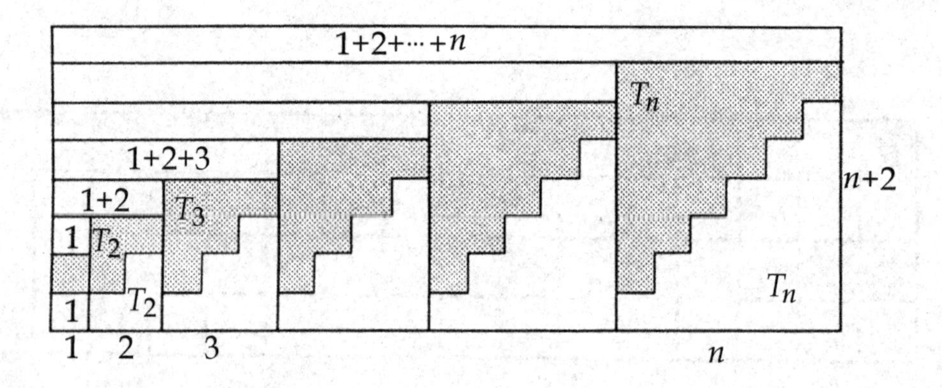

$$3(T_1 + T_2 + \cdots + T_n) = (n+2) \cdot T_n$$

$$T_1 + T_2 + \cdots + T_n = \frac{(n+2)}{3} \cdot \frac{n(n+1)}{2} = \frac{n(n+1)(n+2)}{6}$$

——蒙特 J. 泽格（Monte J. Zerger）

三角数的求和 Ⅱ

$$T_k = 1 + 2 + \cdots + k \Rightarrow \sum_{k=1}^{n} T_k = \frac{1}{6}n(n+1)(n+2)$$

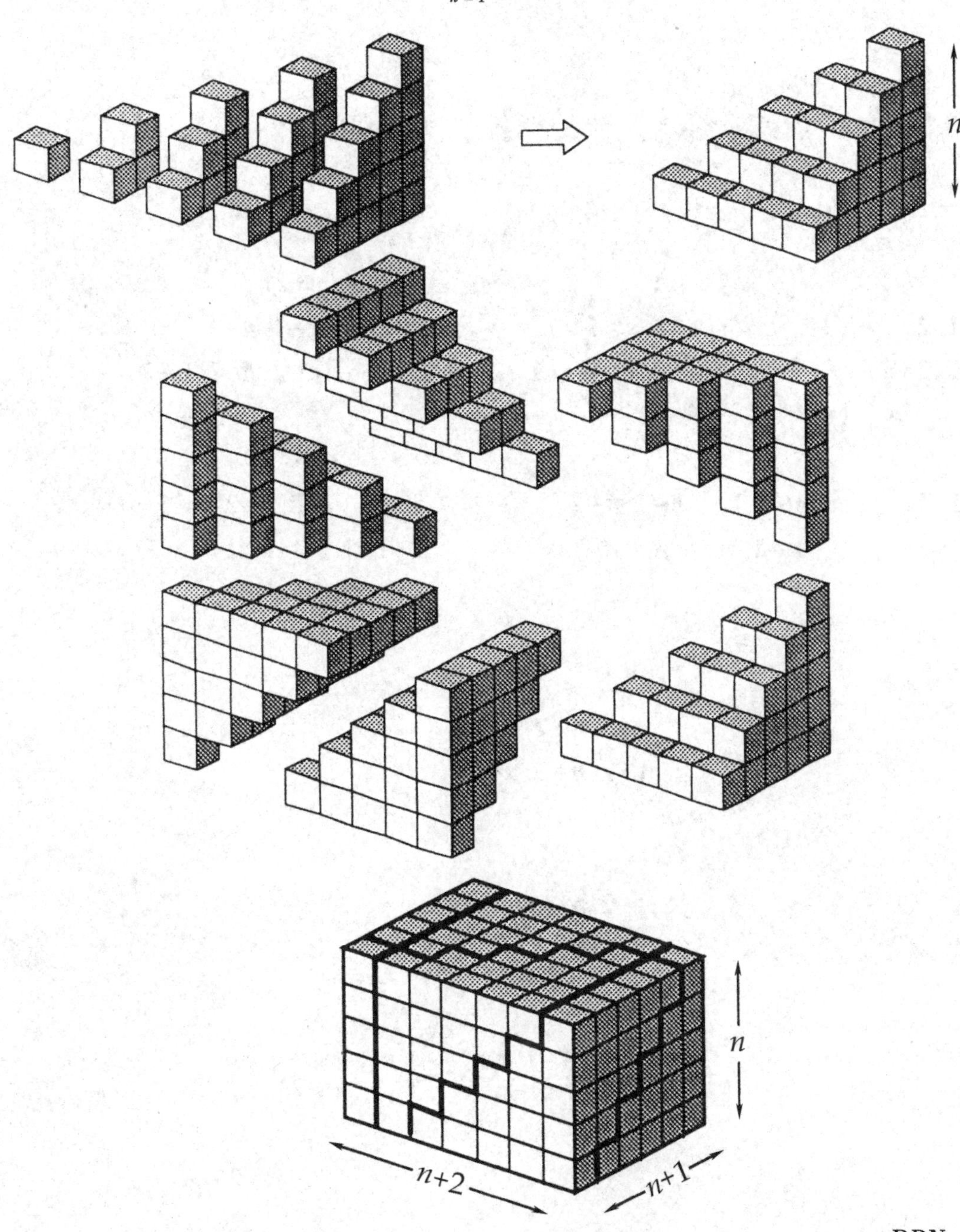

——RBN

三角数的求和Ⅲ

$$T_k = 1 + 2 + \cdots + k \Rightarrow 3\sum_{k=1}^{n} T_k = \frac{1}{2}n(n+1)(n+2)$$

$$\begin{array}{llllll}
1 & & & & & \\
1 & 2 & & & & \\
1 & 2 & 3 & & & \\
\cdot & \cdot & \cdot & \cdot & & \\
\cdot & \cdot & \cdot & & \cdot & \\
1 & 2 & \cdots & n-1 & & \\
1 & 2 & \cdots & n-1 & n &
\end{array}
+
\begin{array}{llllll}
1 & & & & & \\
2 & 1 & & & & \\
3 & 2 & 1 & & & \\
\cdot & \cdot & \cdot & \cdot & & \\
\cdot & \cdot & \cdot & & \cdot & \\
n-1 & n-2 & \cdots & 1 & & \\
n & n-1 & \cdots & 2 & 1 &
\end{array}
+
\begin{array}{llllll}
n & & & & & \\
n-1 & n-1 & & & & \\
n-2 & n-2 & n-2 & & & \\
\cdot & \cdot & \cdot & \cdot & & \\
\cdot & \cdot & \cdot & & \cdot & \\
2 & 2 & \cdots & 2 & & \\
1 & 1 & \cdots & 1 & 1 &
\end{array}$$

$$= \begin{array}{lllll}
n+2 & & & & \\
n+2 & n+2 & & & \\
n+2 & n+2 & n+2 & & \\
\cdot & \cdot & & \cdot & \\
\cdot & \cdot & \cdot & & \cdot \\
n+2 & n+2 & \cdots & n+2 & \\
n+2 & n+2 & \cdots & n+2 & n+2
\end{array}$$

$$3(T_1 + T_2 + \cdots + T_n) = T_n \cdot (n+2)$$

长方形数的求和 I

$$(1\times 2)+(2\times 3)+(3\times 4)+\cdots+(n-1)n=\frac{(n-1)n(n+1)}{3}$$

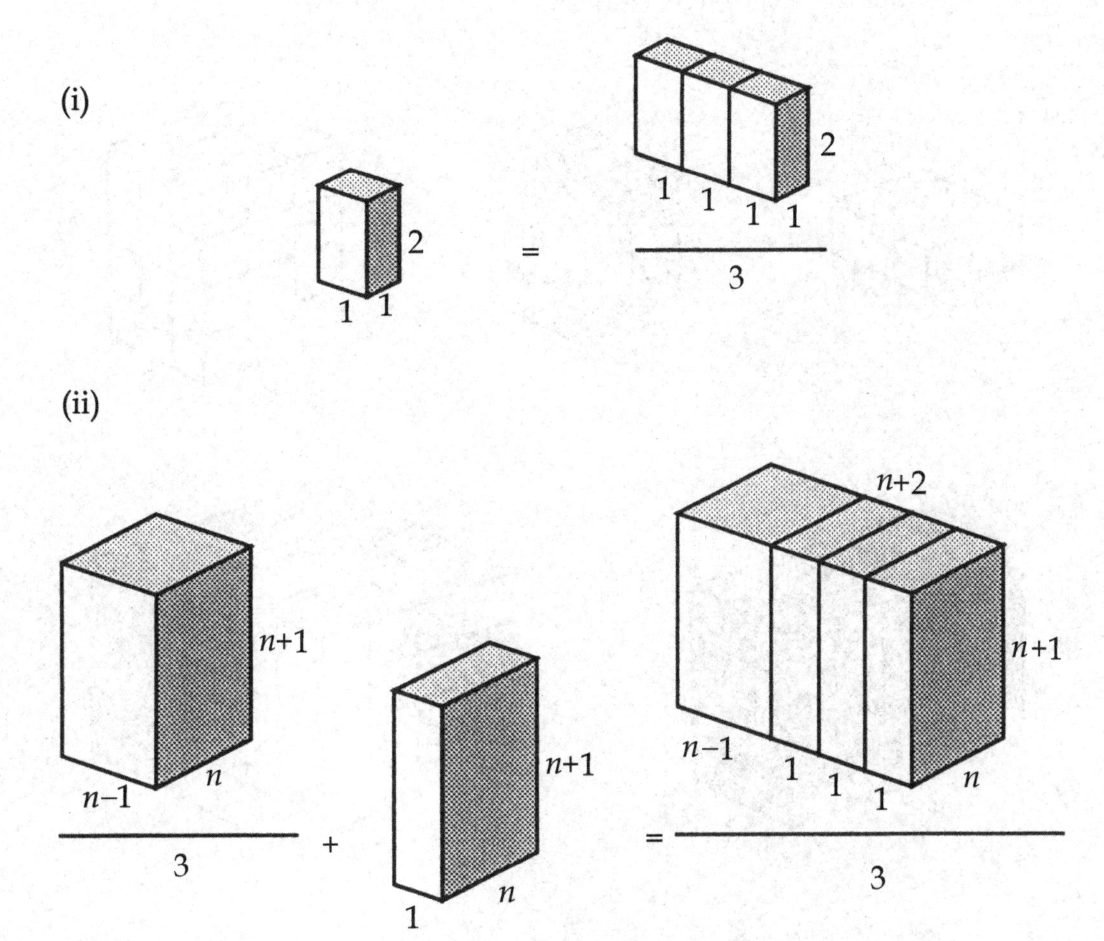

——T. C. WU

长方形数的求和 Ⅱ

$$3(1\cdot 2+2\cdot 3+3\cdot 4+\cdots+n(n+1))=n(n+1)(n+2)$$

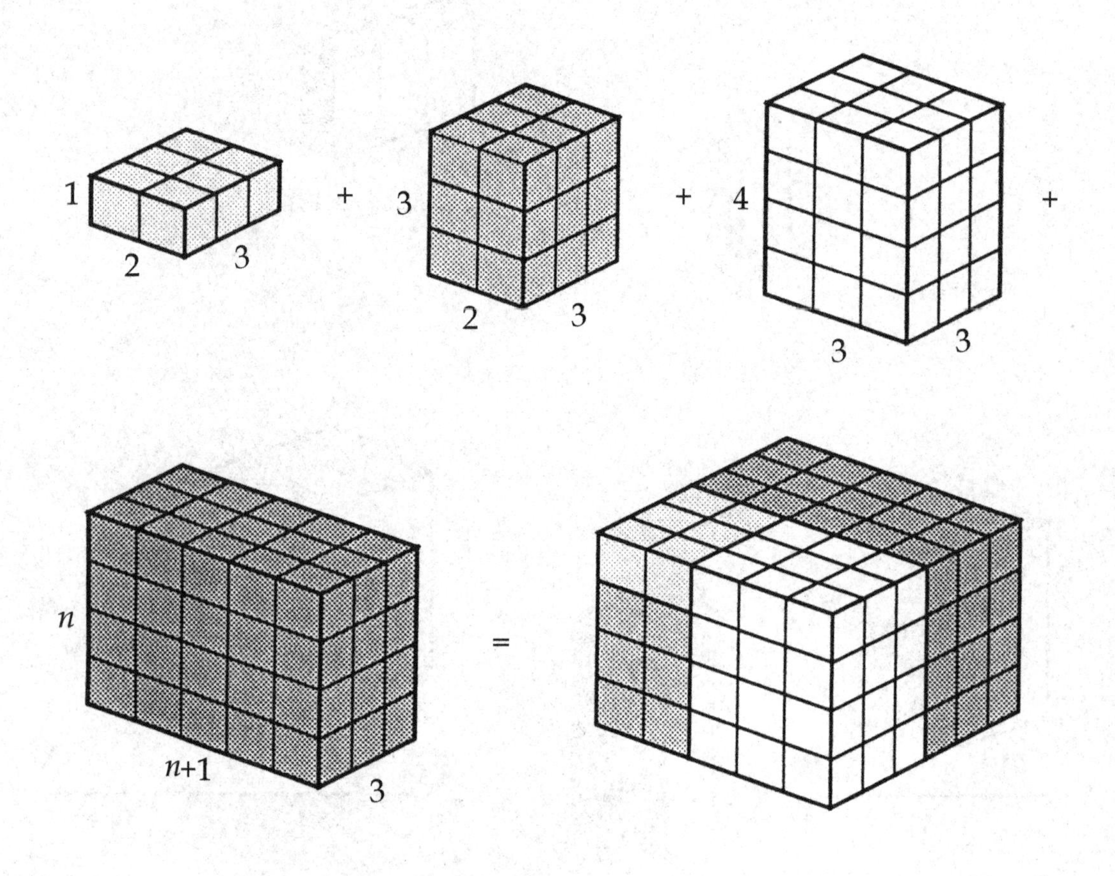

——西尼 H. 昆（Sidney H. Kung）

长方形数的求和Ⅲ

$$(1\times2)+(2\times3)+(3\times4)+\cdots+(n-1)\times n=\frac{1}{3}[n^3-n]$$

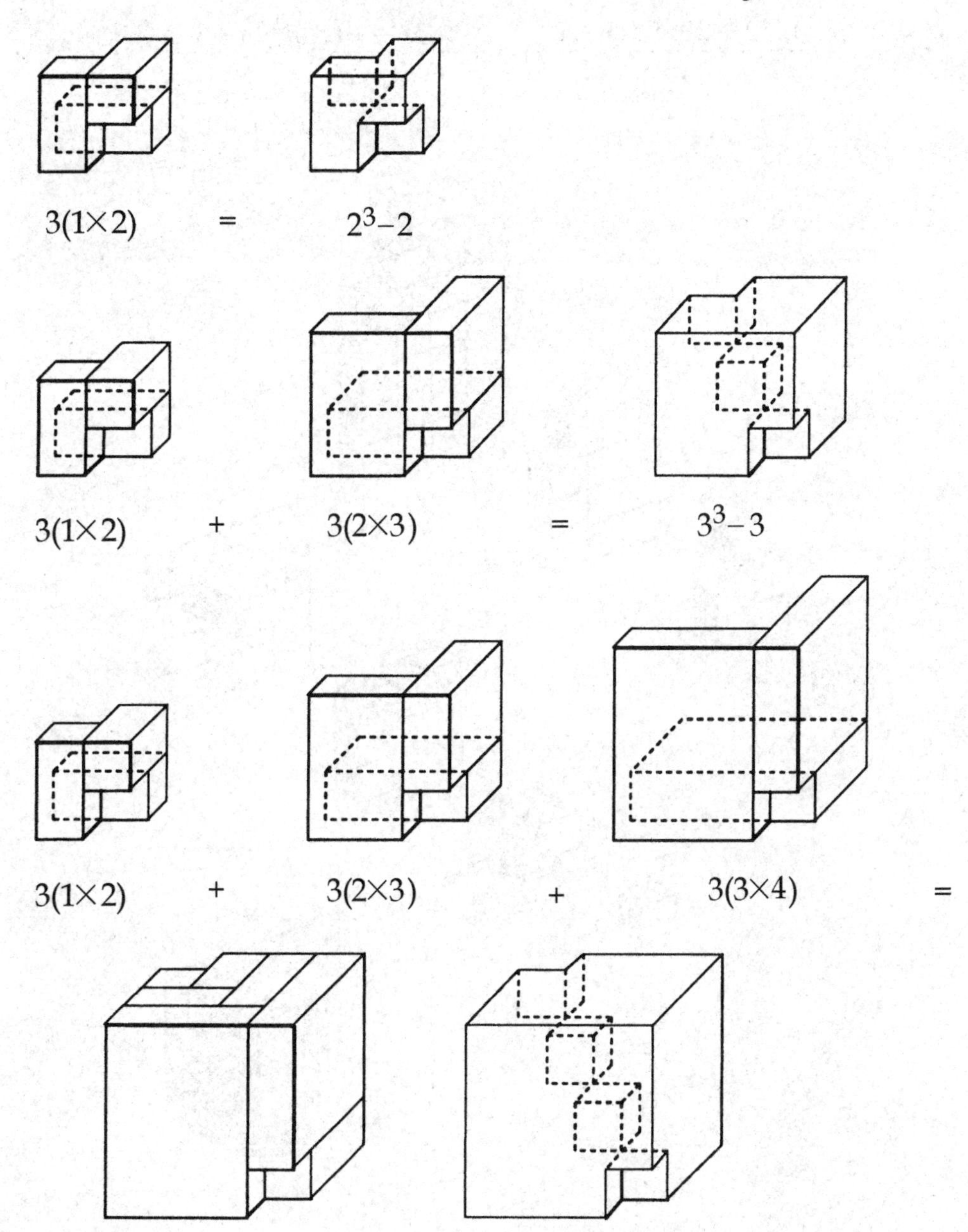

——阿里 R. 阿梅尔·墨兹（Ali R. Amir-Moéz）

五边形数的求和

$$\frac{1\cdot 2}{2}+\frac{2\cdot 5}{2}+\frac{3\cdot 8}{2}+\cdots+\frac{n(3n-1)}{2}=\frac{n^2(n+1)}{2}$$

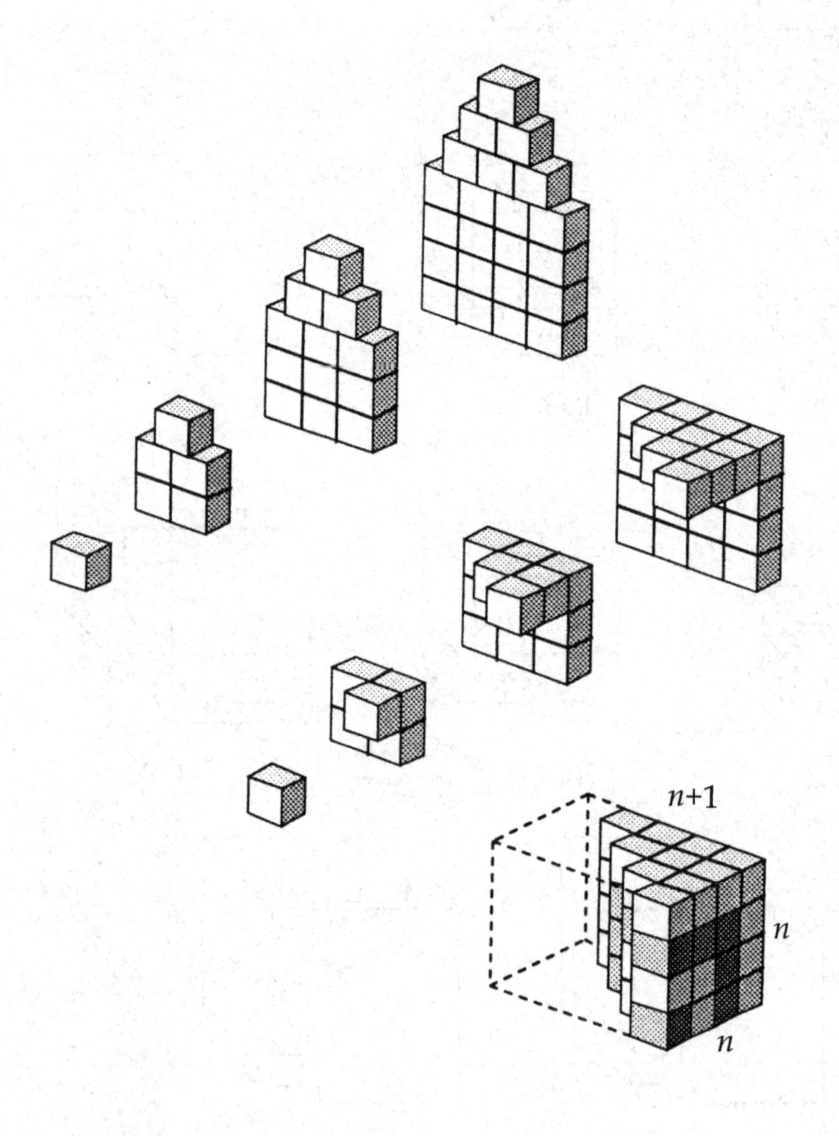

——威廉 A. 米勒（William A. Miller）

关于正整数的平方求和

$$T_n = 1 + 2 + \cdots + n \Rightarrow$$

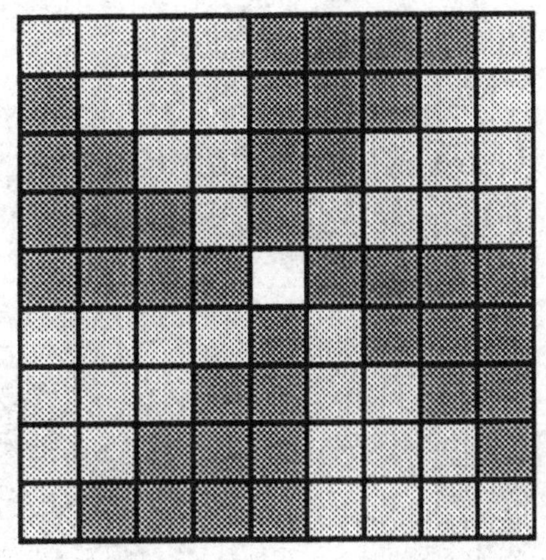

$$(2n+1)^2 = 8T_n + 1$$

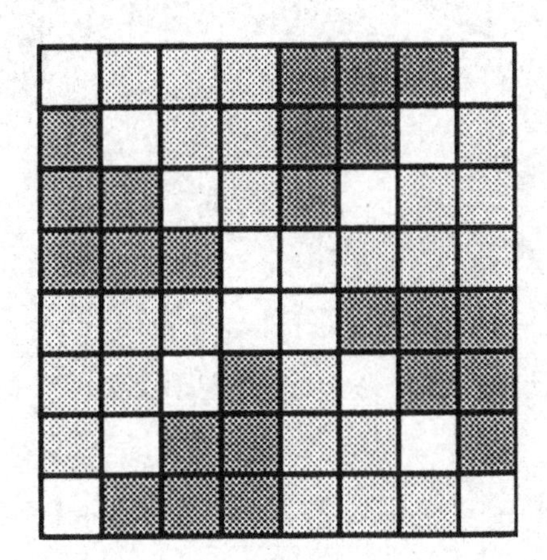

$$(2n)^2 = 8T_{n-1} + 4n$$

——埃德温 G. 兰道尔（Edwin G. Landauer）

连续整数的连续和

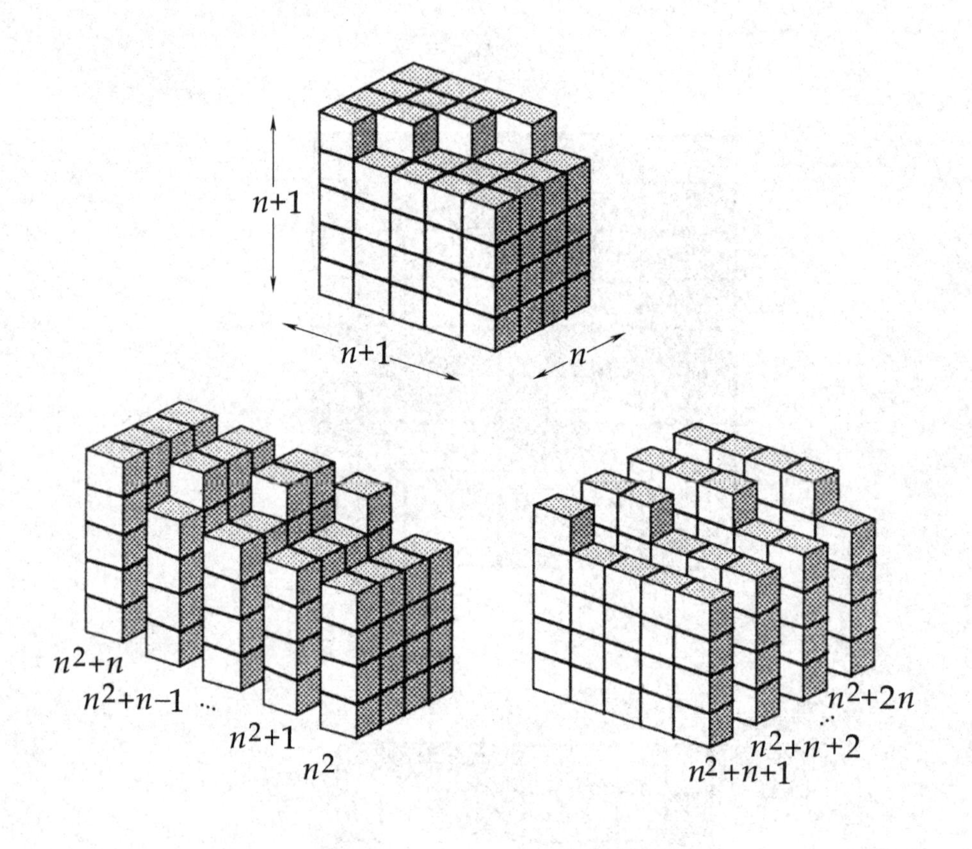

$$1+2=3$$

$$4+5+6=7+8$$

$$9+10+11+12=13+14+15$$

$$16+17+18+19+20=21+22+23+24$$

$$\vdots$$

$$n^2+(n^2+1)+\cdots+(n^2+n)=(n^2+n+1)+\cdots+(n^2+2n)$$

——RBN

点的计数

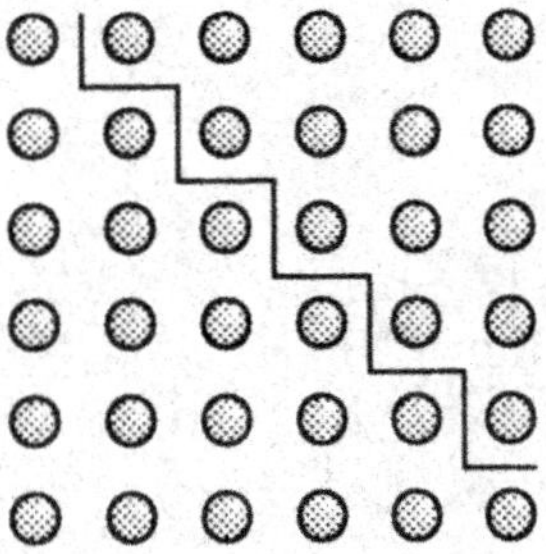

$$\sum_{k=1}^{n} k + \sum_{k=1}^{n-1} k = n^2$$

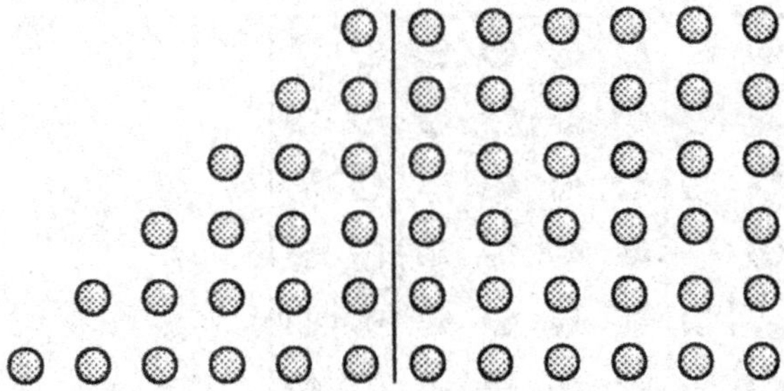

$$\sum_{k=1}^{n} k + n^2 = \sum_{k=n+1}^{2n} k$$

——沃伦·佩奇（Warren Page）

三角形数的恒等式

$T_n=1+2+\cdots+n \Rightarrow$

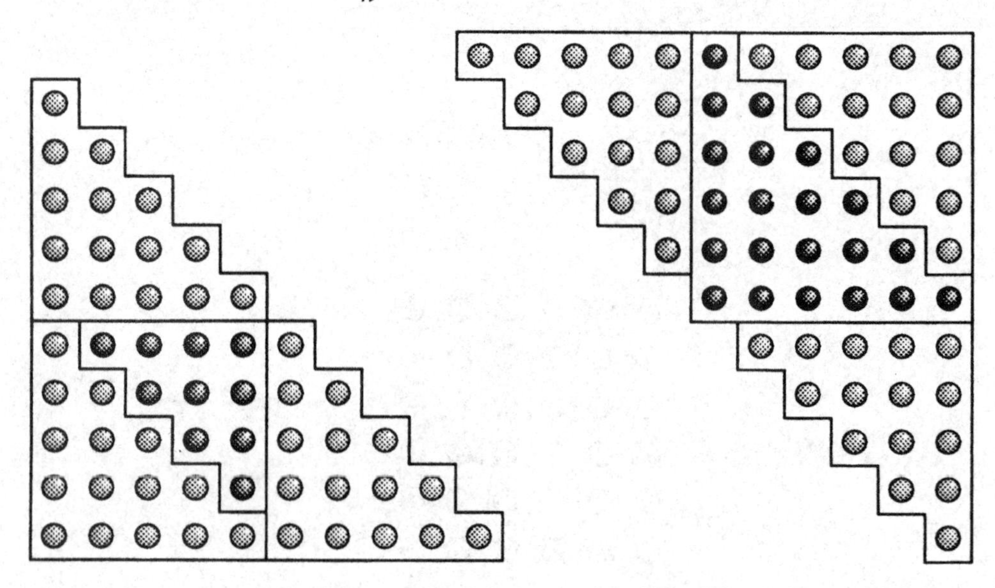

$3T_n+T_{n-1}=T_{2n}$ $3T_n+T_{n+1}=T_{2n+1}$

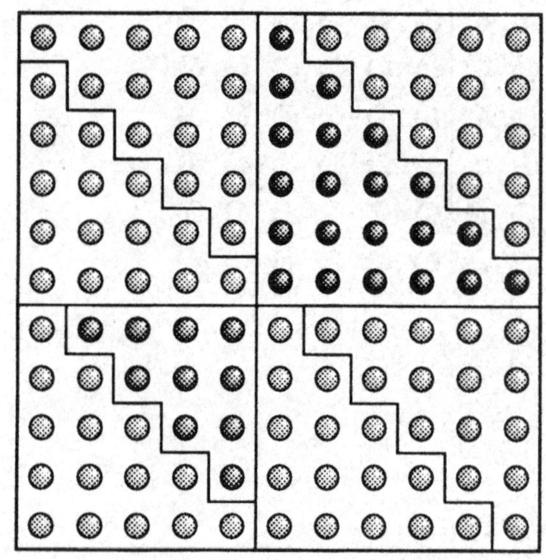

$T_{n-1}+6T_n+T_{n+1}=(2n+1)^2$

三角数的等式

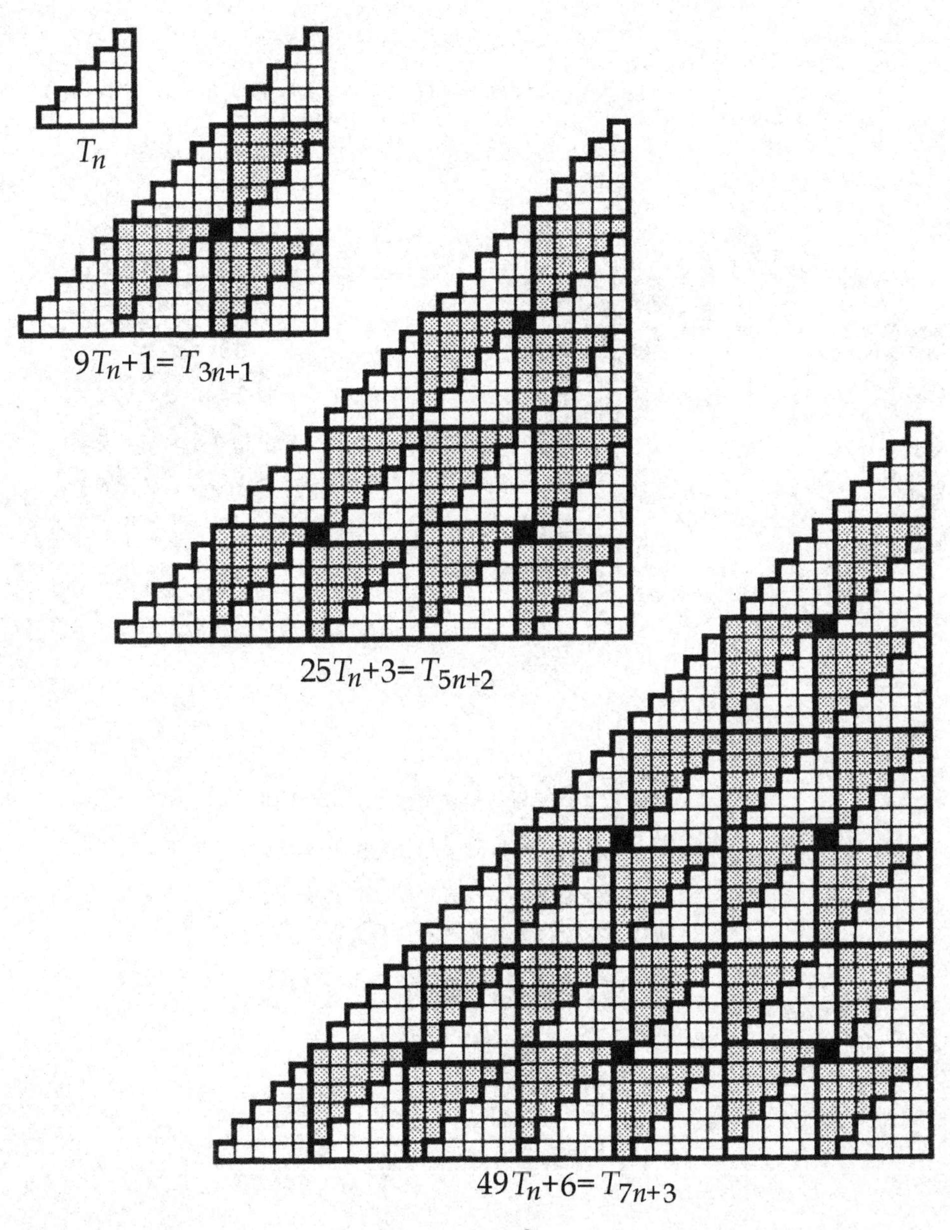

$$T_n = 1 + 2 + \cdots + n \Rightarrow (2k+1)^2 T_n + T_k = T_{(2k+1)n+k}$$

——RBN

每一个六边形数是一个三角形数

$$\left.\begin{aligned} H_n &= 1 + 5 + \cdots + (4n-3) \\ T_n &= 1 + 2 + \cdots + n \end{aligned}\right\} \Rightarrow H_n = 3T_{n-1} + T_n = T_{2n-1} = n(2n-1)$$

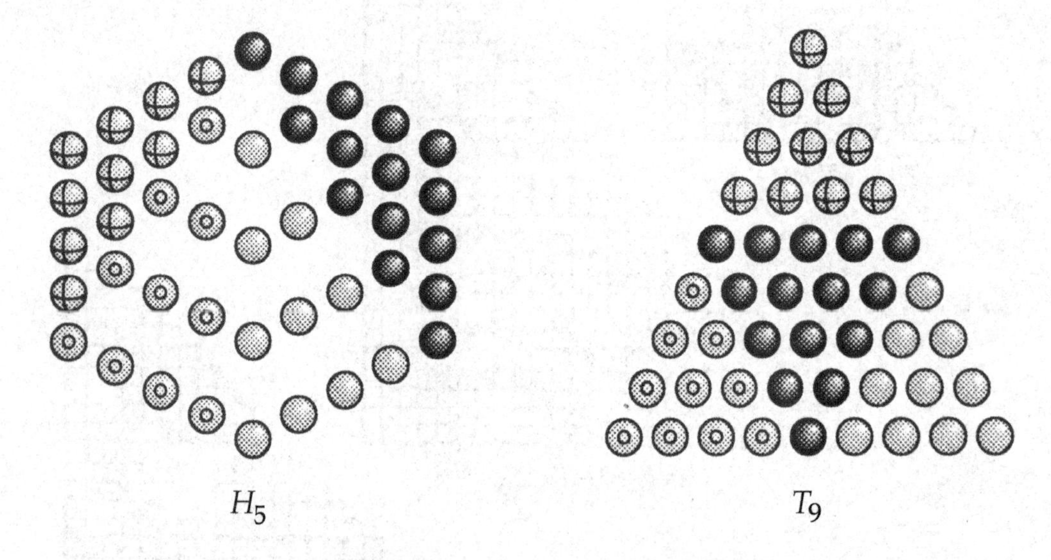

5·9

一个多米诺等于两个同心正方形

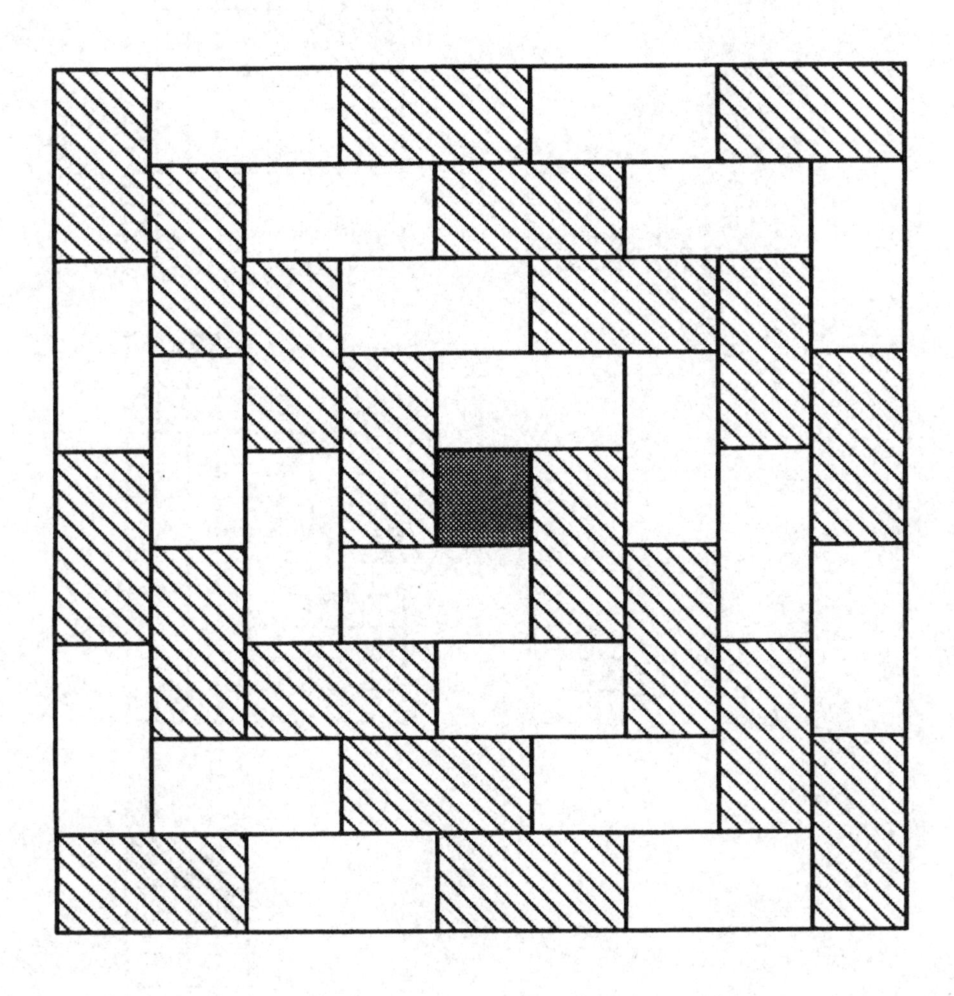

$$1+4\cdot 2+8\cdot 2+12\cdot 2+16\cdot 2=9^2$$

$$1+2\sum_{k=1}^{n}4k=(2n+1)^2$$

——雪莉 A. 威肯 (Shirley A. Wakin)

9的连续幂次的和等于连续整数的和

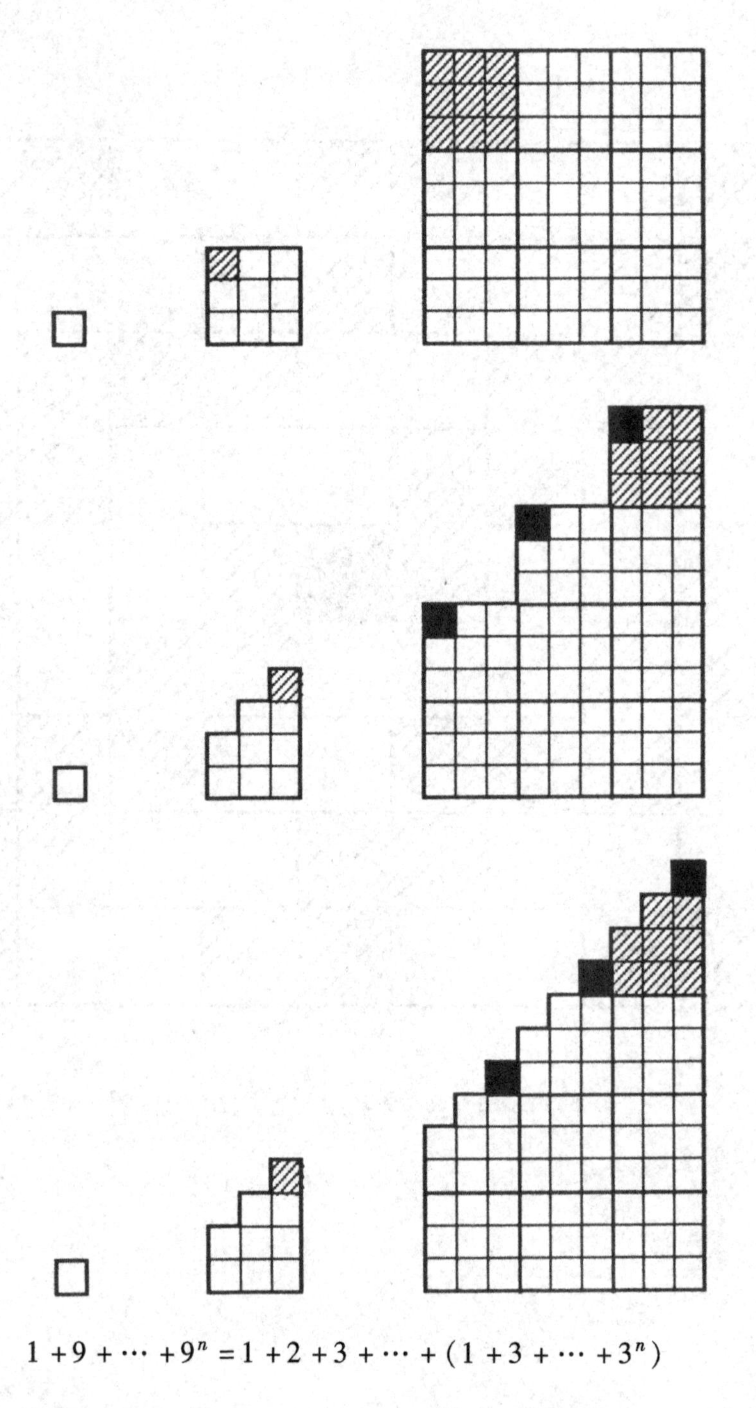

$$1+9+\cdots+9^n=1+2+3+\cdots+(1+3+\cdots+3^n)$$

——RBN

六角形数的和是一个立方和

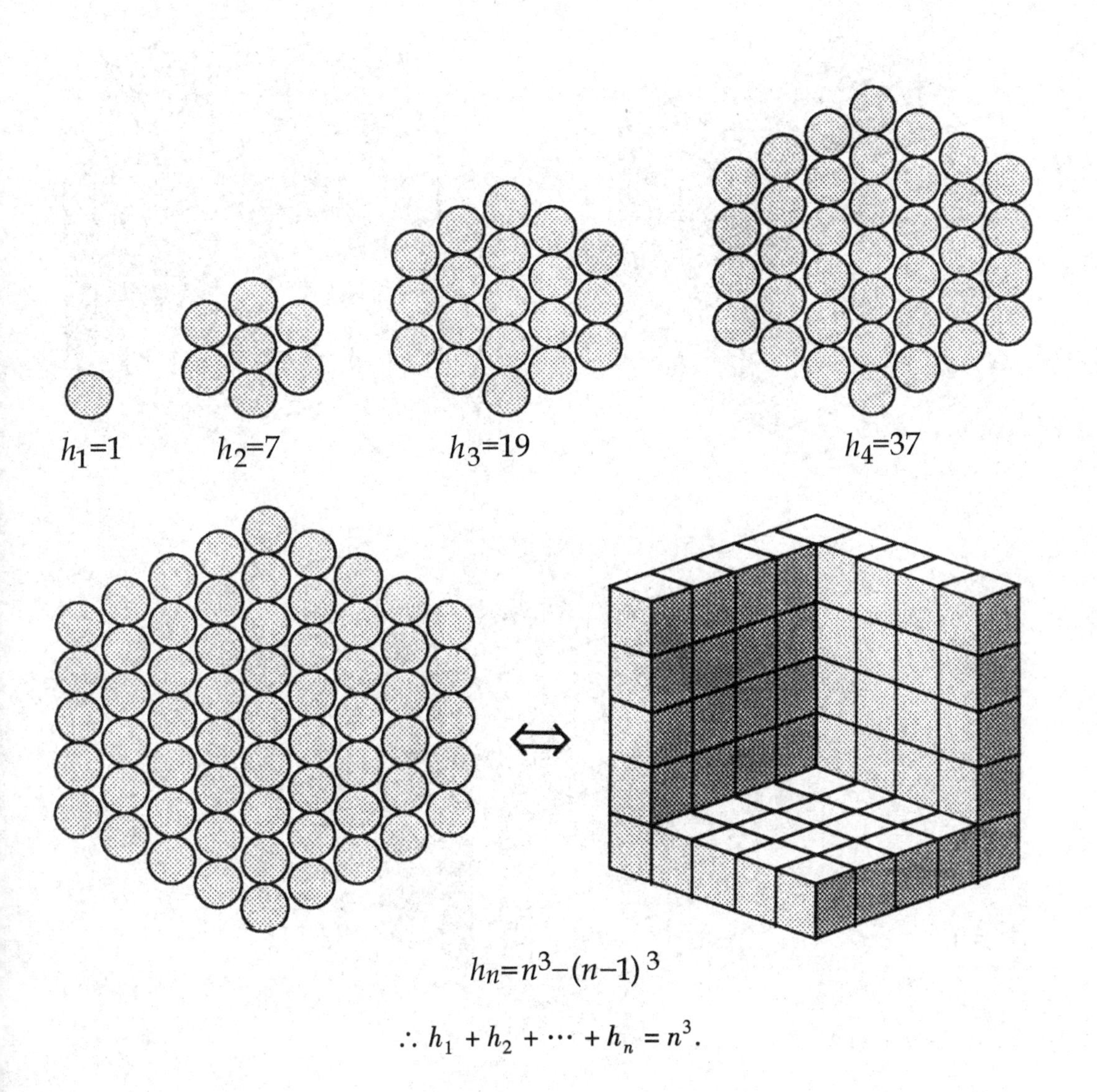

$$h_n=n^3-(n-1)^3$$

$$\therefore h_1+h_2+\cdots+h_n=n^3.$$

每一个立方体数是连续奇数的总和

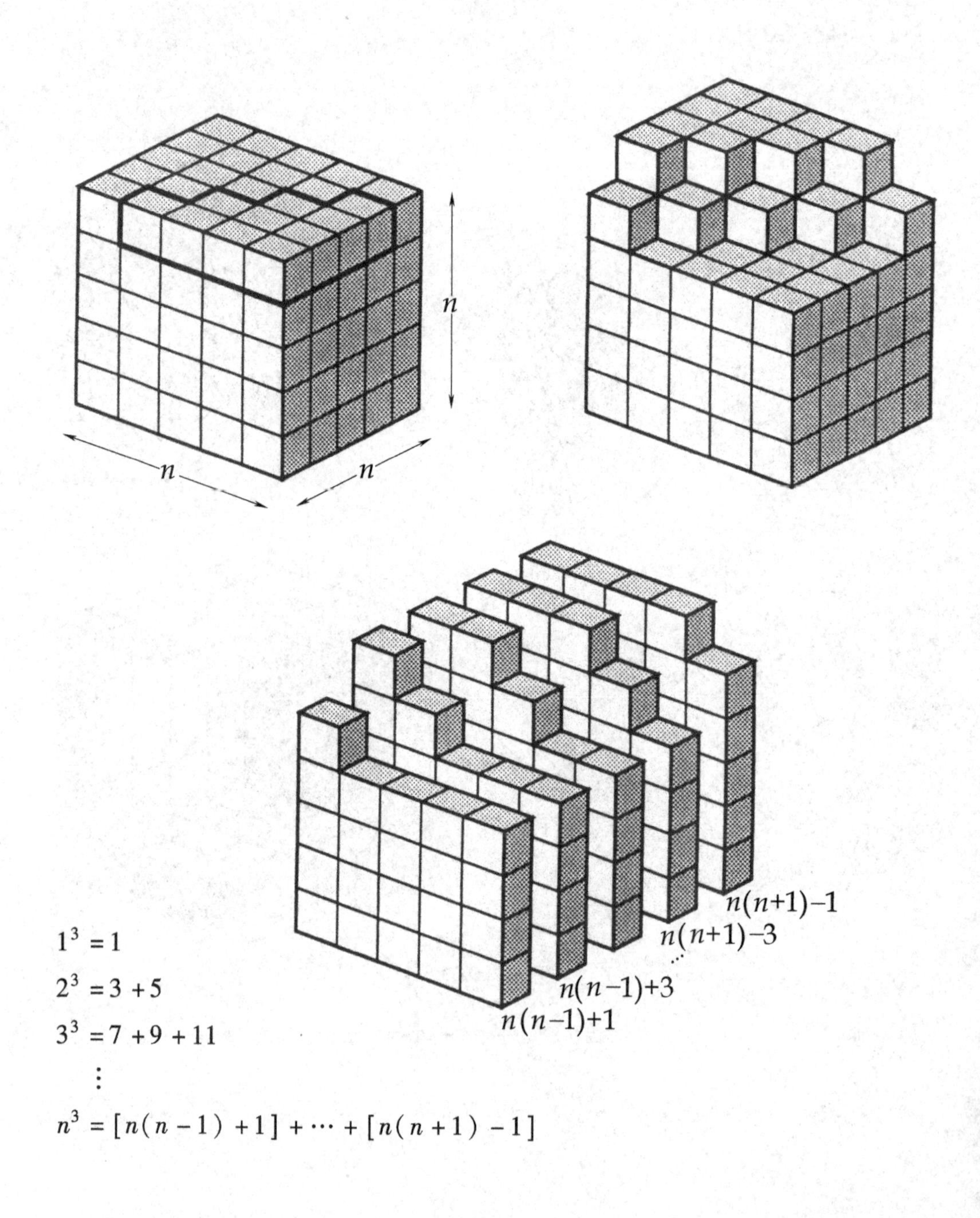

$1^3 = 1$

$2^3 = 3 + 5$

$3^3 = 7 + 9 + 11$

$\vdots$

$n^3 = [n(n-1)+1] + \cdots + [n(n+1)-1]$

——RBN

立方体数是一个算术和

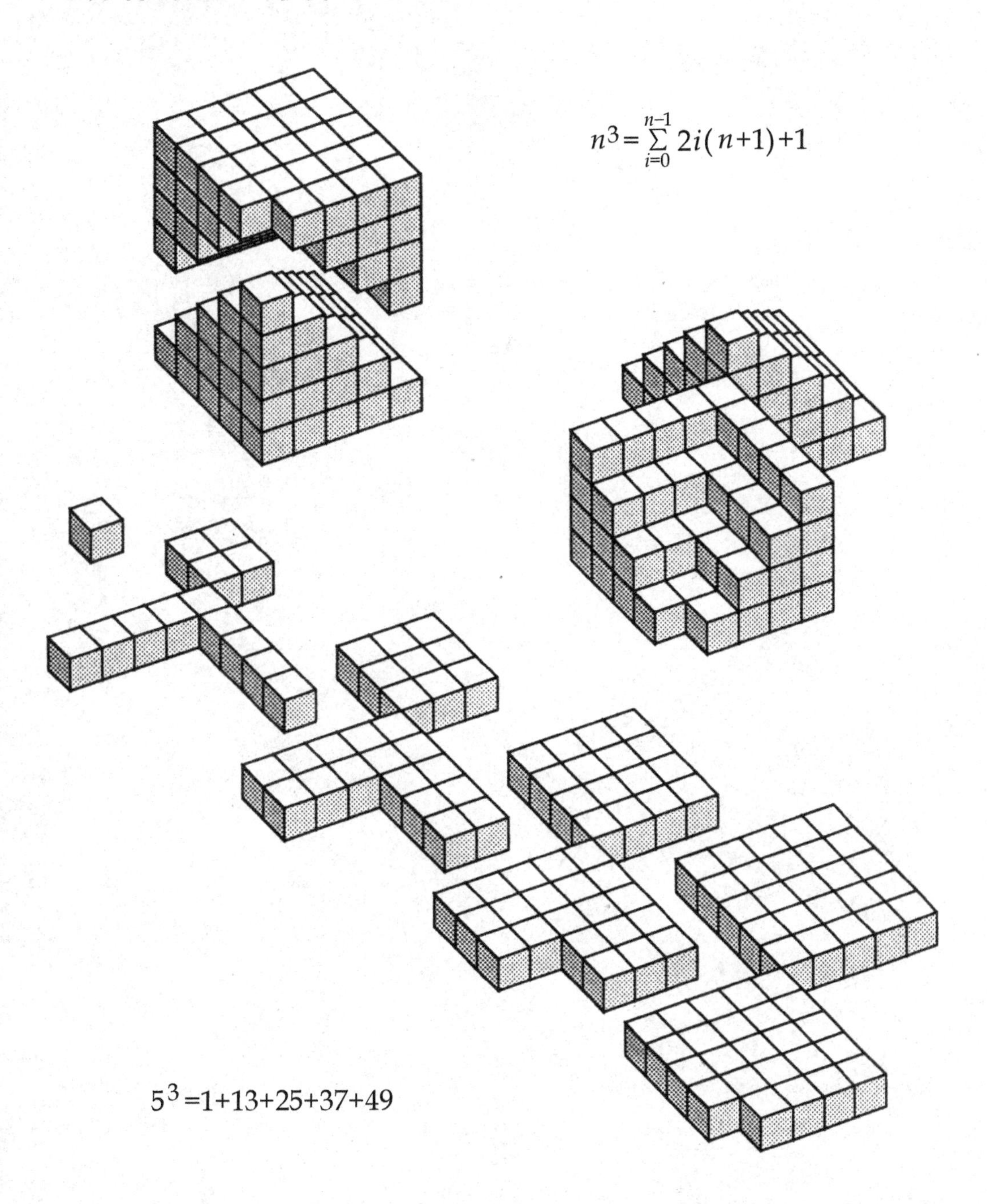

——罗伯特·布朗森和克里斯托夫·布宁森
(Robert Bronson and Christopher Brueningsen)

数列与级数

关于奇数列的性质（伽利略，1615）

$$\frac{1}{3}=\frac{1+3}{5+7}=\frac{1+3+5}{7+9+11}=\cdots.$$

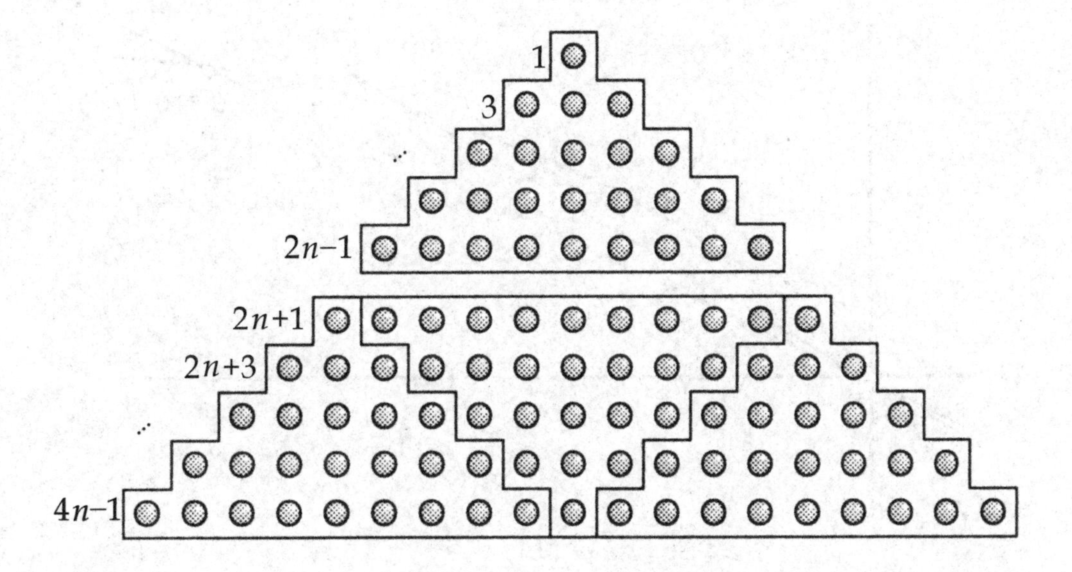

$$\frac{1+3+\cdots+(2n-1)}{(2n+1)+(2n+3)+\cdots+(4n-1)}=\frac{1}{3}$$

参考文献

S. Drake, *Galileo Studies*, The University of Michigan Press, Ann Arbor, 1970, pp. 218-219.

——RBN

以 e 为上界的单调数列

$$\forall n \geqslant 1, \left(1+\frac{1}{n}\right)^{n}<\left(1+\frac{1}{n+1}\right)^{n+1}<\mathrm{e}.$$

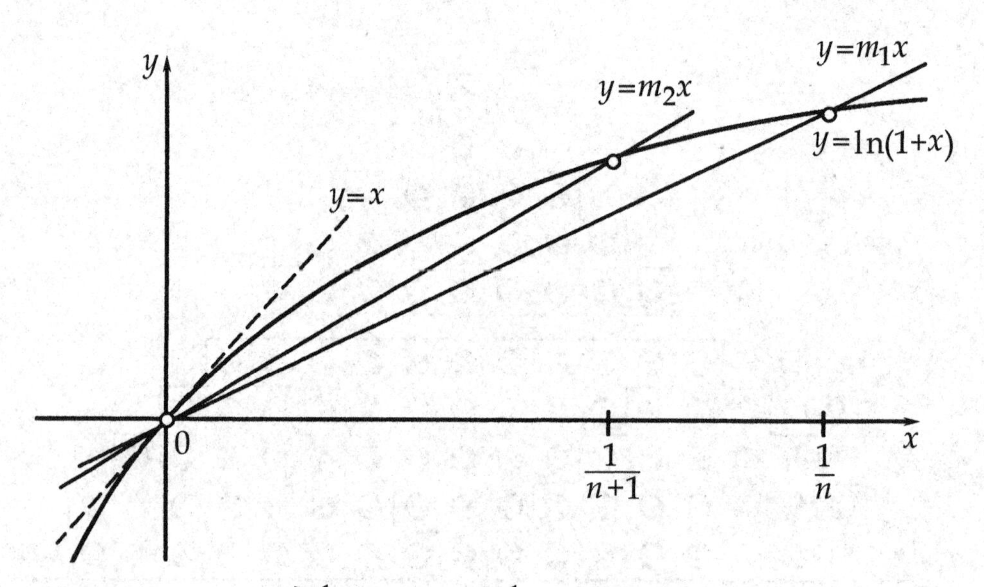

$$n \geqslant 1 \Rightarrow m_1<m_2<1$$

$$\Rightarrow \frac{\ln\left(1+\frac{1}{n}\right)}{\frac{1}{n}}<\frac{\ln\left(1+\frac{1}{n+1}\right)}{\frac{1}{n+1}}<1$$

$$\Rightarrow\left(1+\frac{1}{n}\right)^{n}<\left(1+\frac{1}{n+1}\right)^{n+1}<\mathrm{e}$$

——RBN

以 e 为极限的递归数列

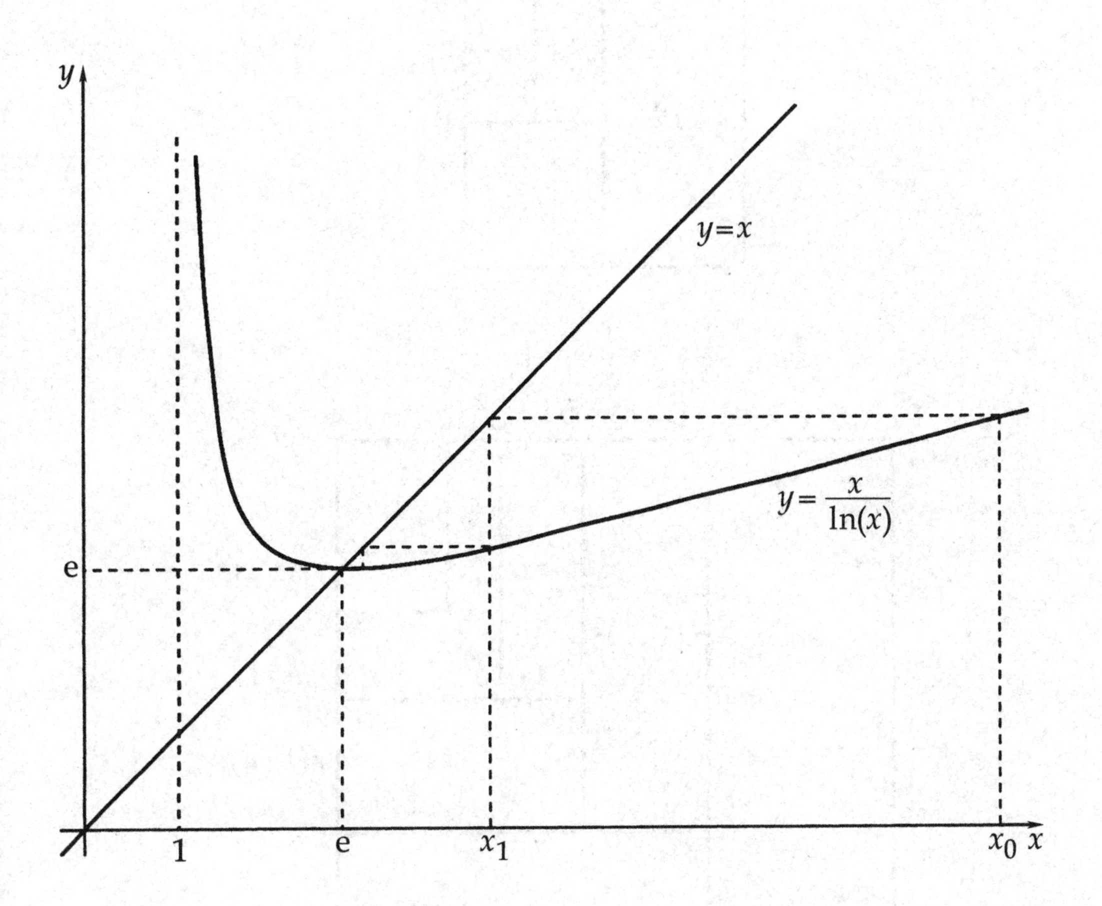

$$x_0 > 1 \text{ 且 } x_{n+1} = \frac{x_n}{\ln(x_n)} \Rightarrow \lim_{n\to\infty} x_n = e$$

——托马斯 P. 登斯（Thomas P. Dence）

几何级数求和

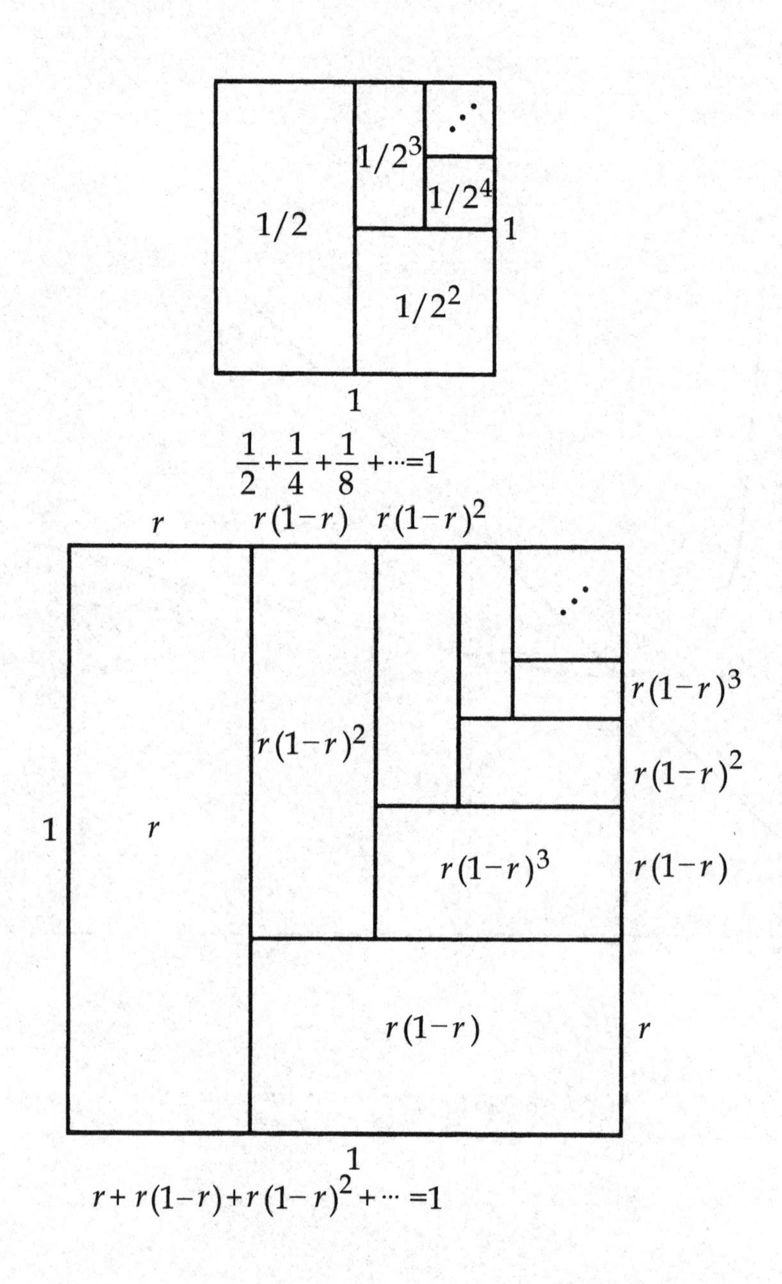

——沃伦·佩奇（Warren Page）

几何级数 I

$$\sum_{n=0}^{\infty} ar^n = \frac{a}{1-r}$$

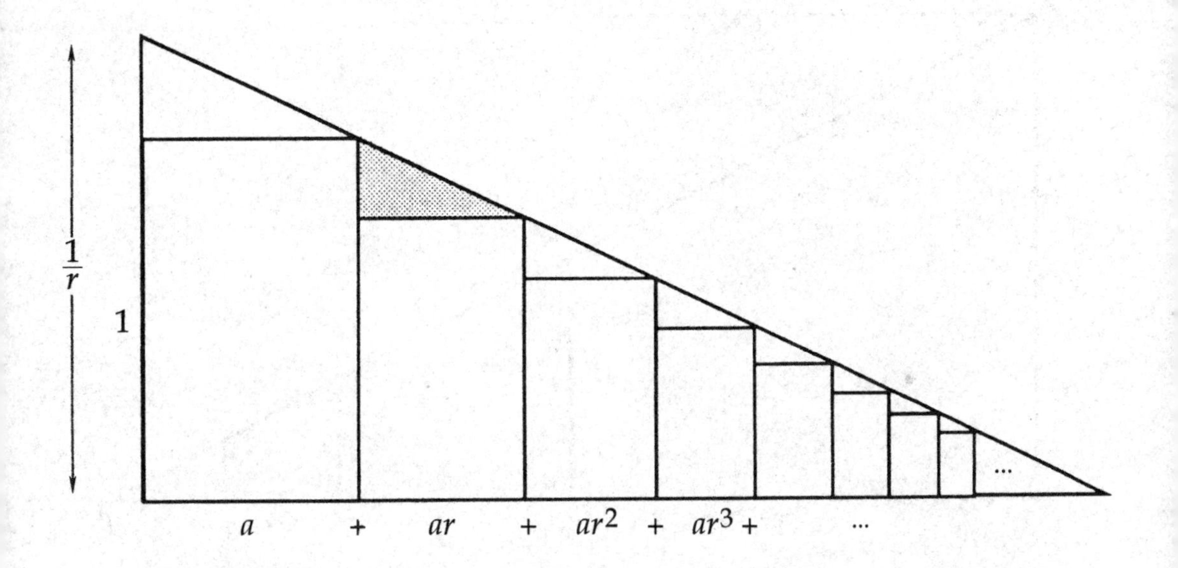

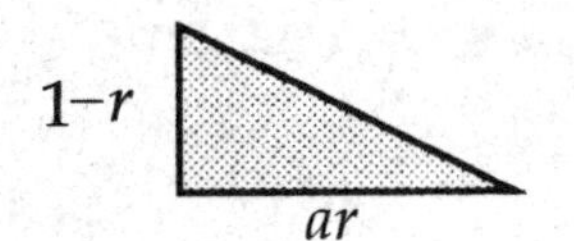

$$\frac{a + ar + ar^2 + ar^3 + \cdots}{1/r} = \frac{ar}{1-r}$$

——J. H. 韦伯（J. H. Webb）

几何级数 II

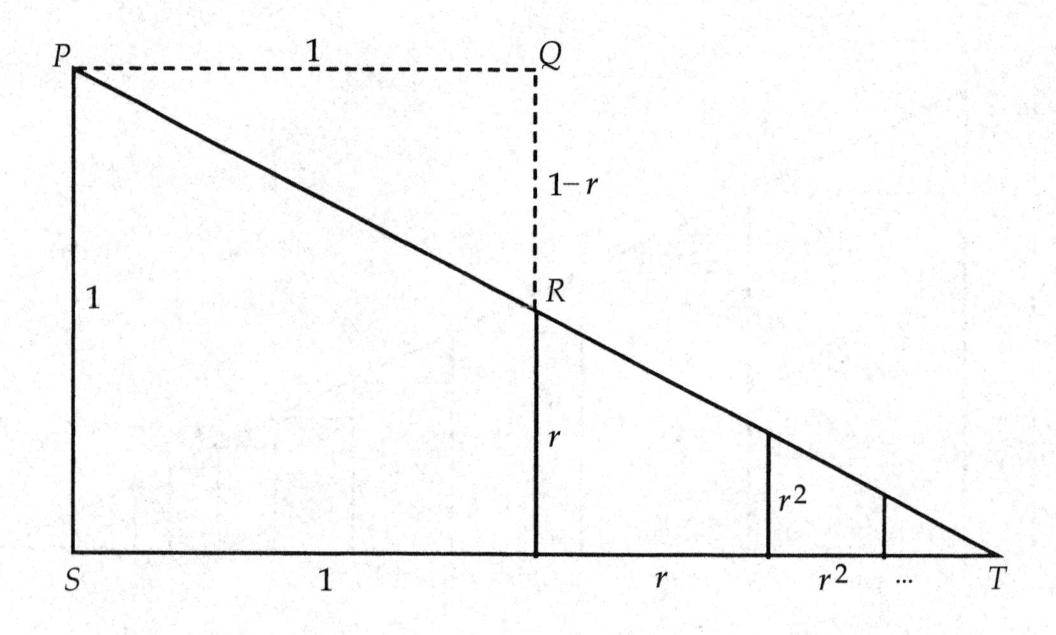

$$\Delta PQR \approx \Delta TSP$$

$$\therefore 1 + r + r^2 + \cdots = \frac{1}{1 - r}$$

——本杰明 G. 克莱因和艾拉 C. 拜文斯

（Benjamin G. Klein and Irl C. Bivens）

几何级数Ⅲ

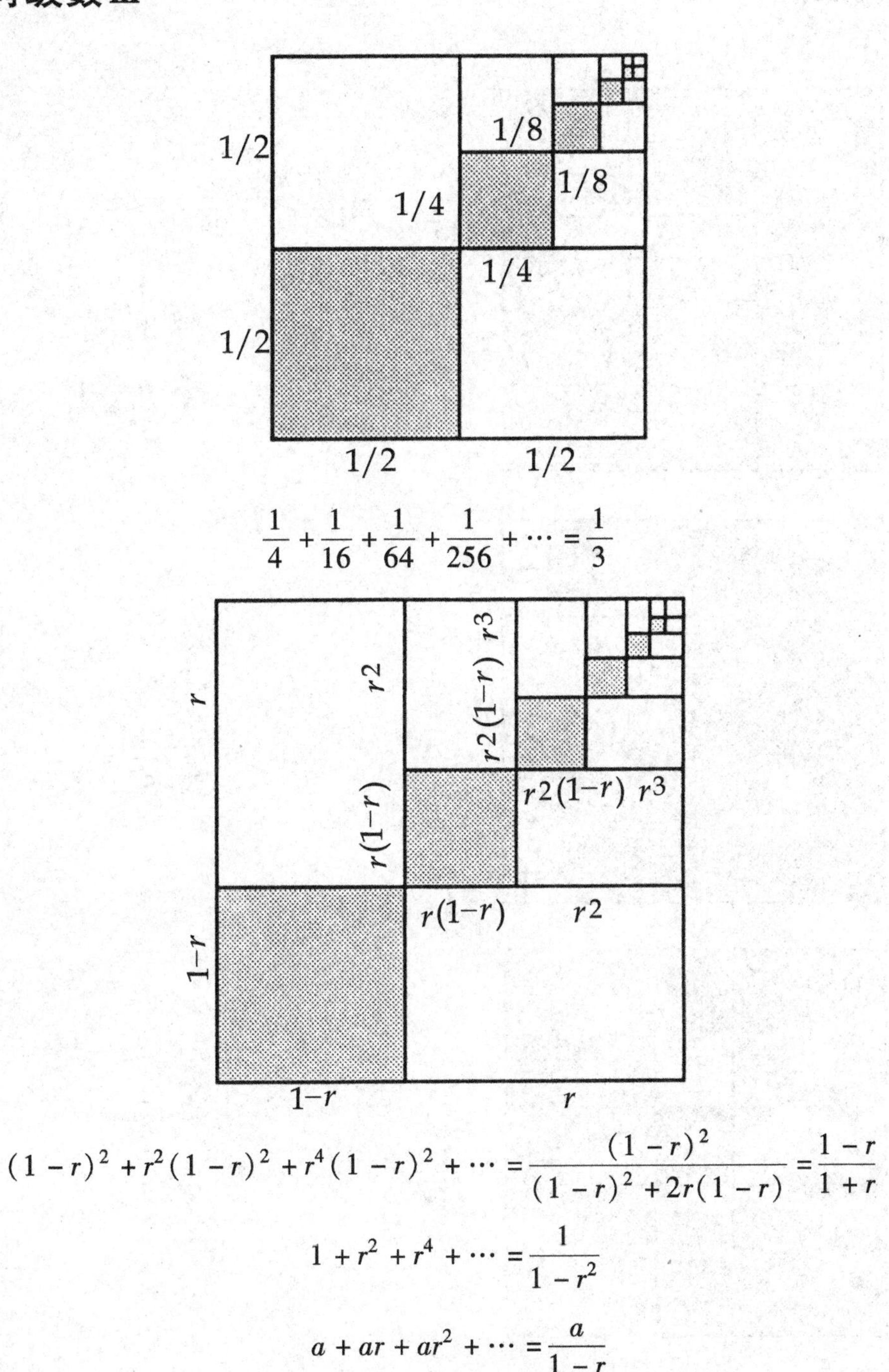

$$\frac{1}{4}+\frac{1}{16}+\frac{1}{64}+\frac{1}{256}+\cdots=\frac{1}{3}$$

$$(1-r)^2+r^2(1-r)^2+r^4(1-r)^2+\cdots=\frac{(1-r)^2}{(1-r)^2+2r(1-r)}=\frac{1-r}{1+r}$$

$$1+r^2+r^4+\cdots=\frac{1}{1-r^2}$$

$$a+ar+ar^2+\cdots=\frac{a}{1-r}$$

——桑迪 A. 阿乔塞（Sunday A. Ajose）

几何级数Ⅳ

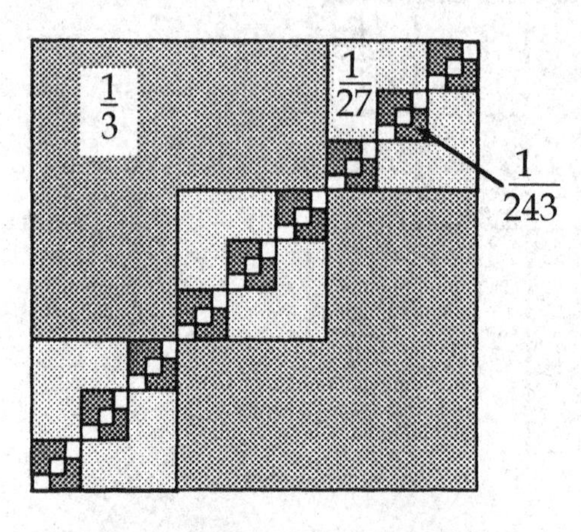

$$2\left(\frac{1}{3}+3\cdot\frac{1}{27}+9\cdot\frac{1}{243}+\cdots\right)=1$$

$$2\sum_{n=1}^{\infty}\frac{1}{3^n}=1$$

$$\sum_{n=1}^{\infty}\frac{1}{3^n}=\frac{1}{2}$$

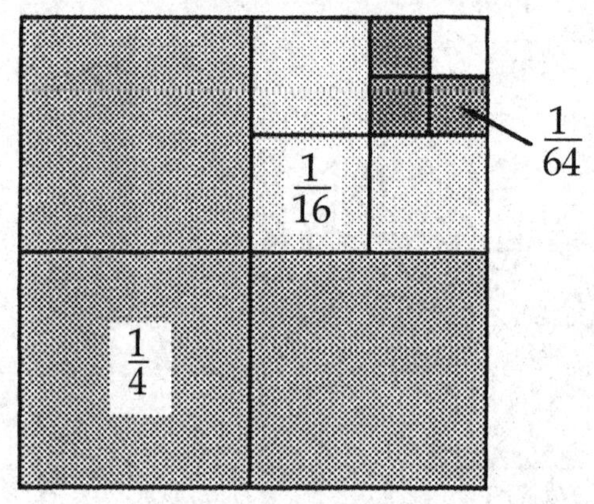

$$3\sum_{n=1}^{\infty}\frac{1}{4^n}=1$$

$$\sum_{n=1}^{\infty}\frac{1}{4^n}=\frac{1}{3}$$

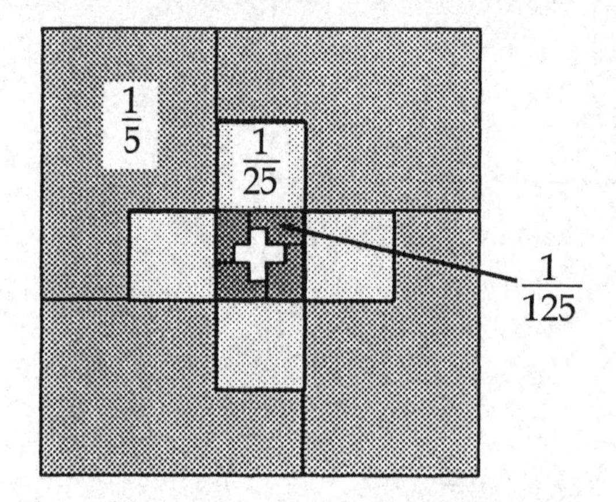

$$4\sum_{n=1}^{\infty}\frac{1}{5^n}=1$$

$$\sum_{n=1}^{\infty}\frac{1}{5^n}=\frac{1}{4}$$

——伊丽莎白 M. 马克姆（Elizabeth M. Markham）

加布里埃尔的阶梯

$$\sum_{k=1}^{\infty} kr^k = \frac{r}{(1-r)^2}，\text{当 } 0 < r < 1$$

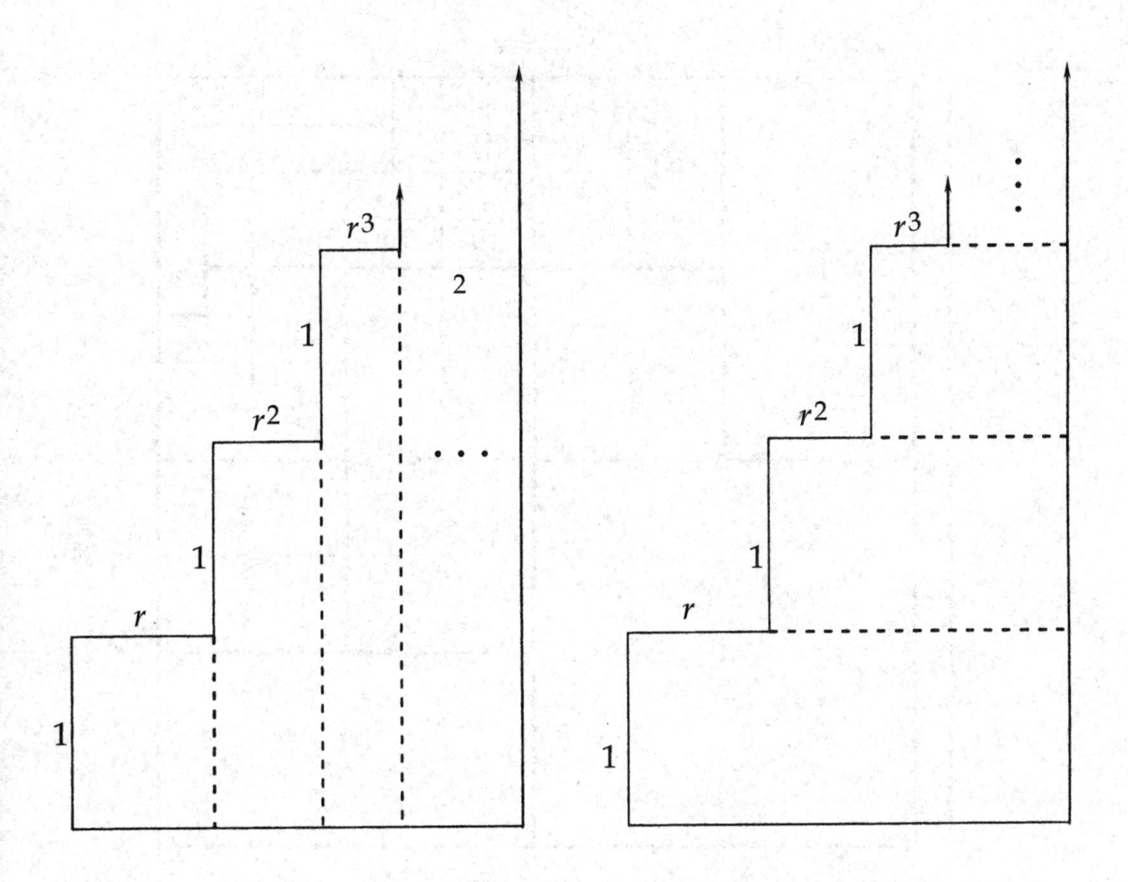

$$\sum_{k=1}^{\infty} kr^k = \sum_{k=1}^{\infty} \sum_{i=k}^{\infty} r^i = \frac{r}{(1-r)^2}$$

——斯图尔特 G. 斯温（Stuart G. Swain）

分化几何级数

$$1+2\left(\frac{1}{2}\right)+3\left(\frac{1}{4}\right)+4\left(\frac{1}{8}\right)+\cdots=4$$

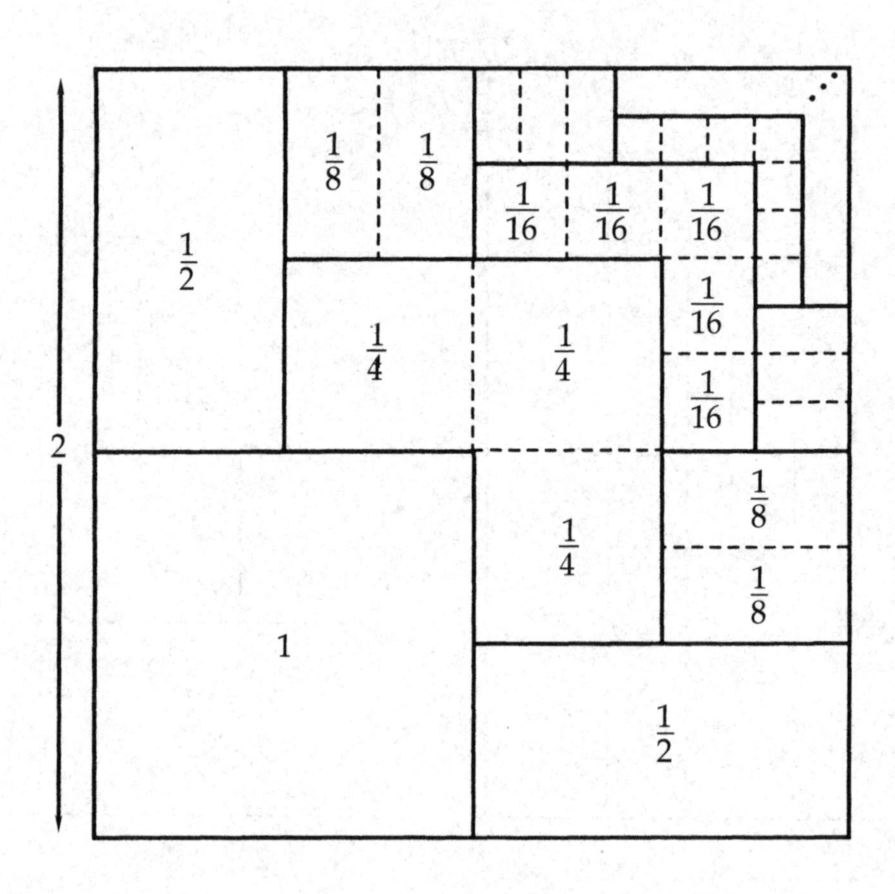

$$1+2r+3r^2+4r^3+\cdots=\left(\frac{1}{1-r}\right)^2,\ 0\leqslant r<1$$

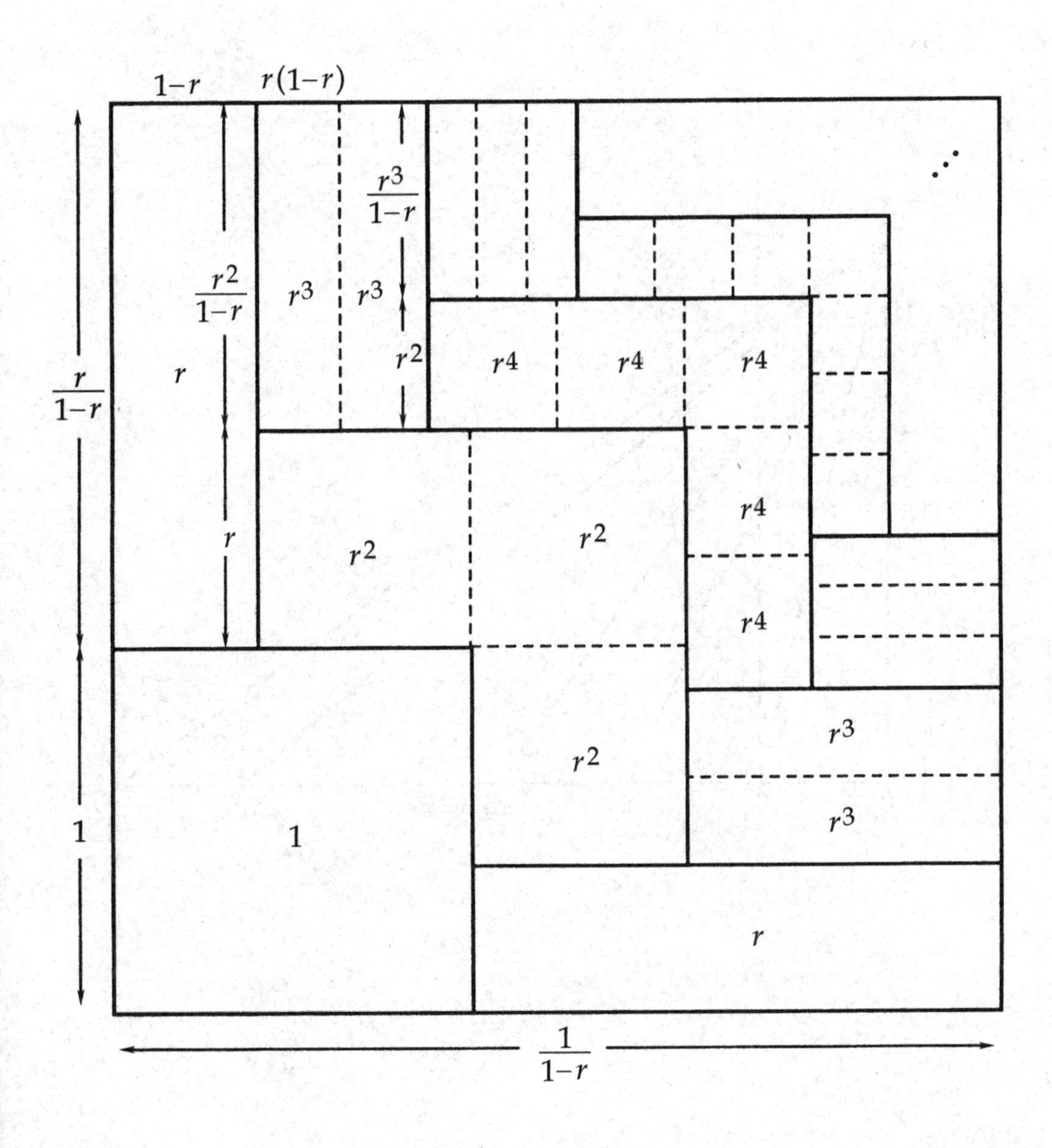

——RBN

$$\frac{1}{1\cdot 2}+\frac{1}{2\cdot 3}+\cdots+\frac{1}{n(n+1)}=\frac{n}{n+1}$$

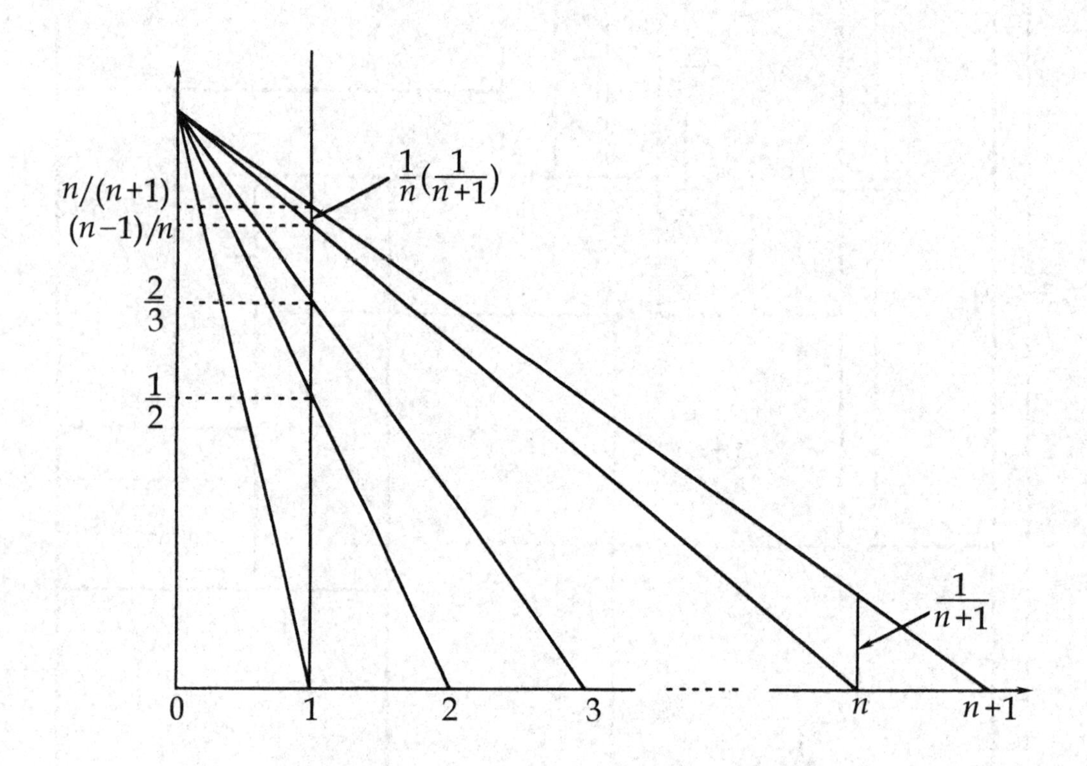

——罗马 W. 黄（Roman W. Wong）

三角形数的倒数的级数

$$\frac{1}{1}+\frac{1}{3}+\frac{1}{6}+\cdots+\frac{1}{\binom{n+1}{2}}+\cdots=2$$

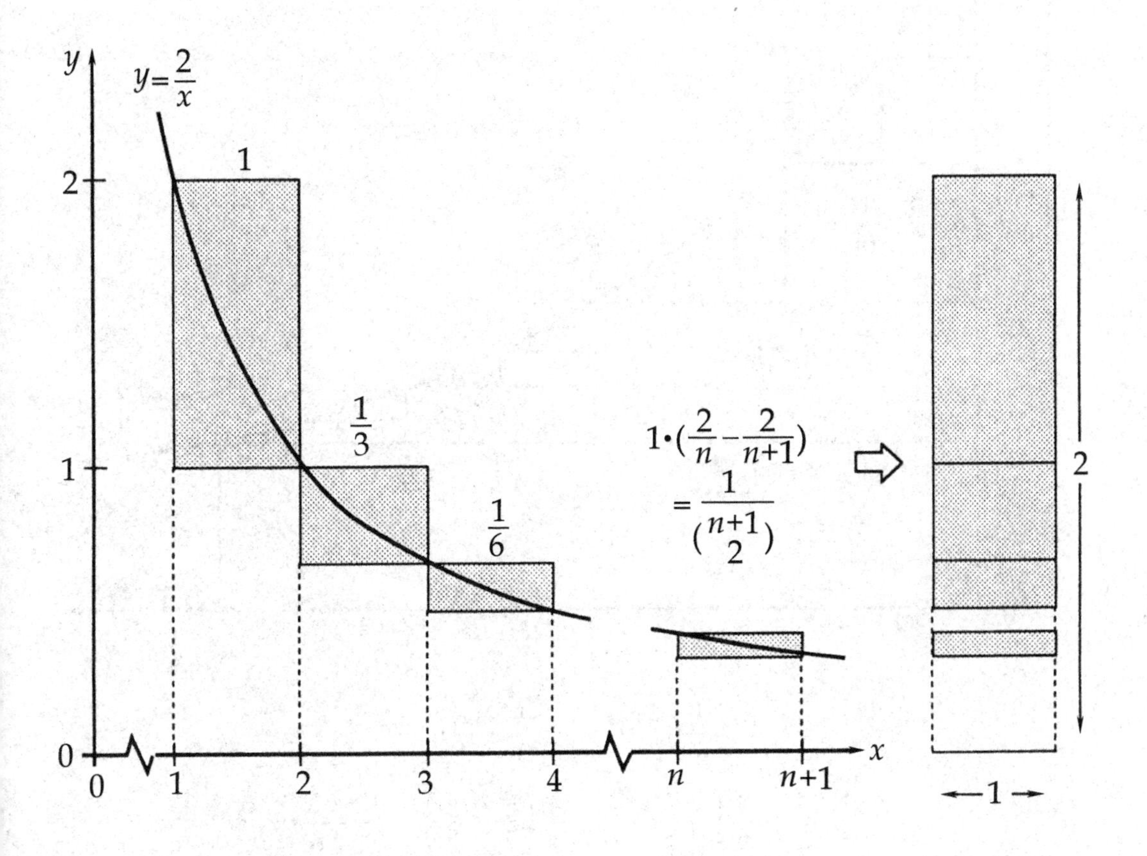

——RBN

译注：$\binom{n+1}{2}=\frac{(n+1)n}{2}$，是二项式系数。

交替的调和级数

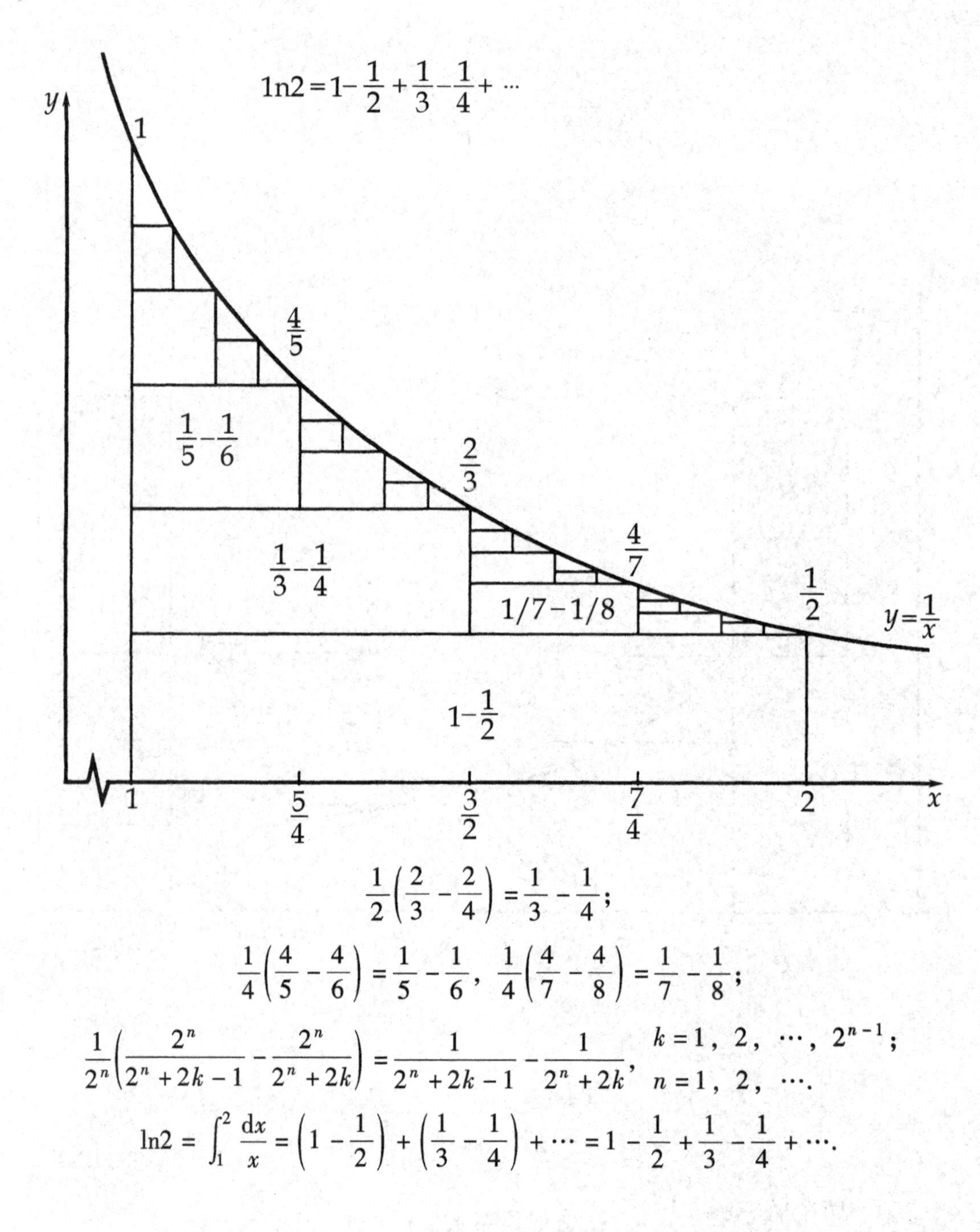

$$\frac{1}{2}\left(\frac{2}{3}-\frac{2}{4}\right)=\frac{1}{3}-\frac{1}{4};$$

$$\frac{1}{4}\left(\frac{4}{5}-\frac{4}{6}\right)=\frac{1}{5}-\frac{1}{6},\ \frac{1}{4}\left(\frac{4}{7}-\frac{4}{8}\right)=\frac{1}{7}-\frac{1}{8};$$

$$\frac{1}{2^n}\left(\frac{2^n}{2^n+2k-1}-\frac{2^n}{2^n+2k}\right)=\frac{1}{2^n+2k-1}-\frac{1}{2^n+2k},\quad \begin{array}{l}k=1,2,\cdots,2^{n-1};\\ n=1,2,\cdots.\end{array}$$

$$\ln 2=\int_1^2\frac{\mathrm{d}x}{x}=\left(1-\frac{1}{2}\right)+\left(\frac{1}{3}-\frac{1}{4}\right)+\cdots=1-\frac{1}{2}+\frac{1}{3}-\frac{1}{4}+\cdots.$$

——马克·芬克尔斯坦（Mark Finkelstein）

$$\sin(2n+1)\theta = \sin\theta + 2\sin\theta \sum_{k=1}^{n} \cos 2k\theta$$

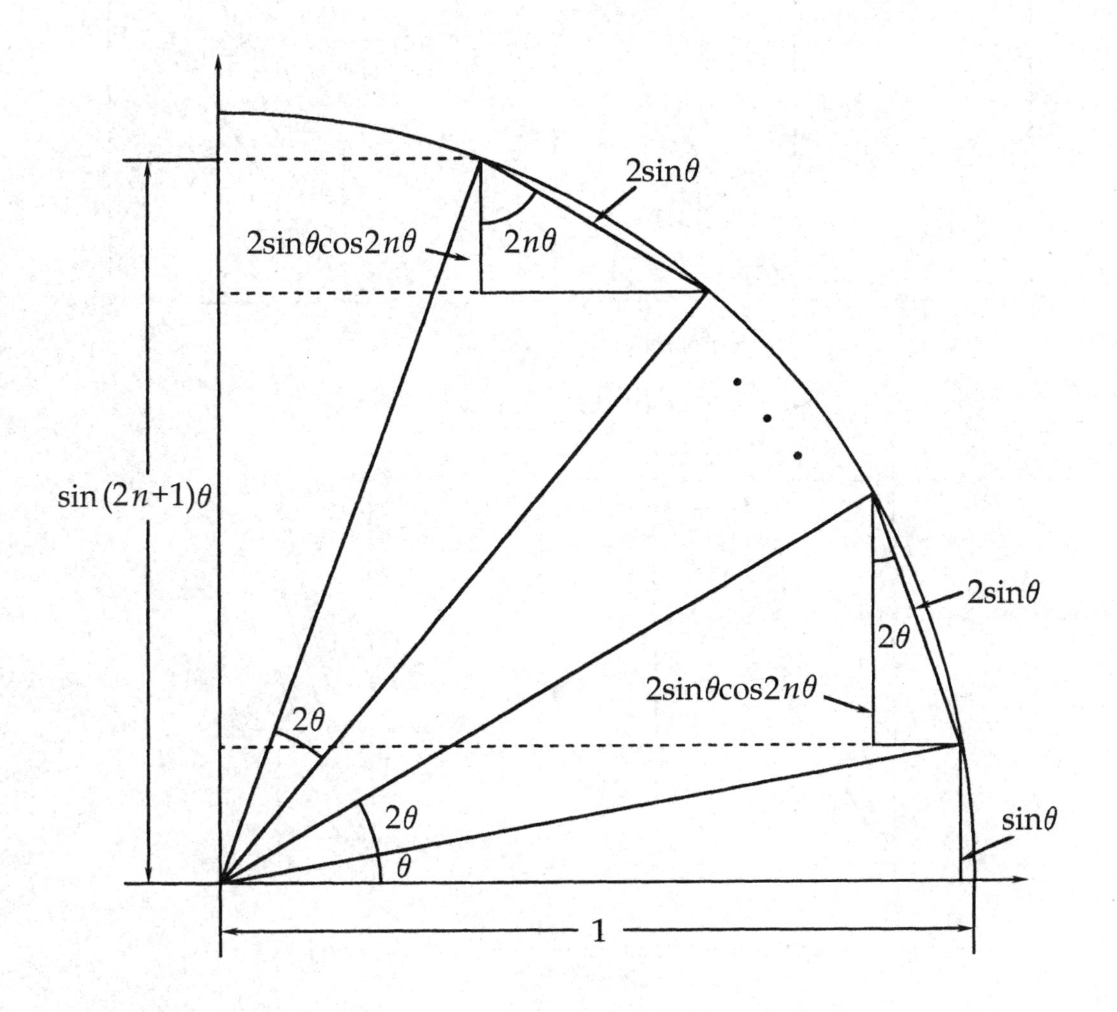

——J. 克里斯 · 费舍尔和 E. L. 卡欧（J. Chris Fisher and E. L. Koh）

反正切恒等式和级数

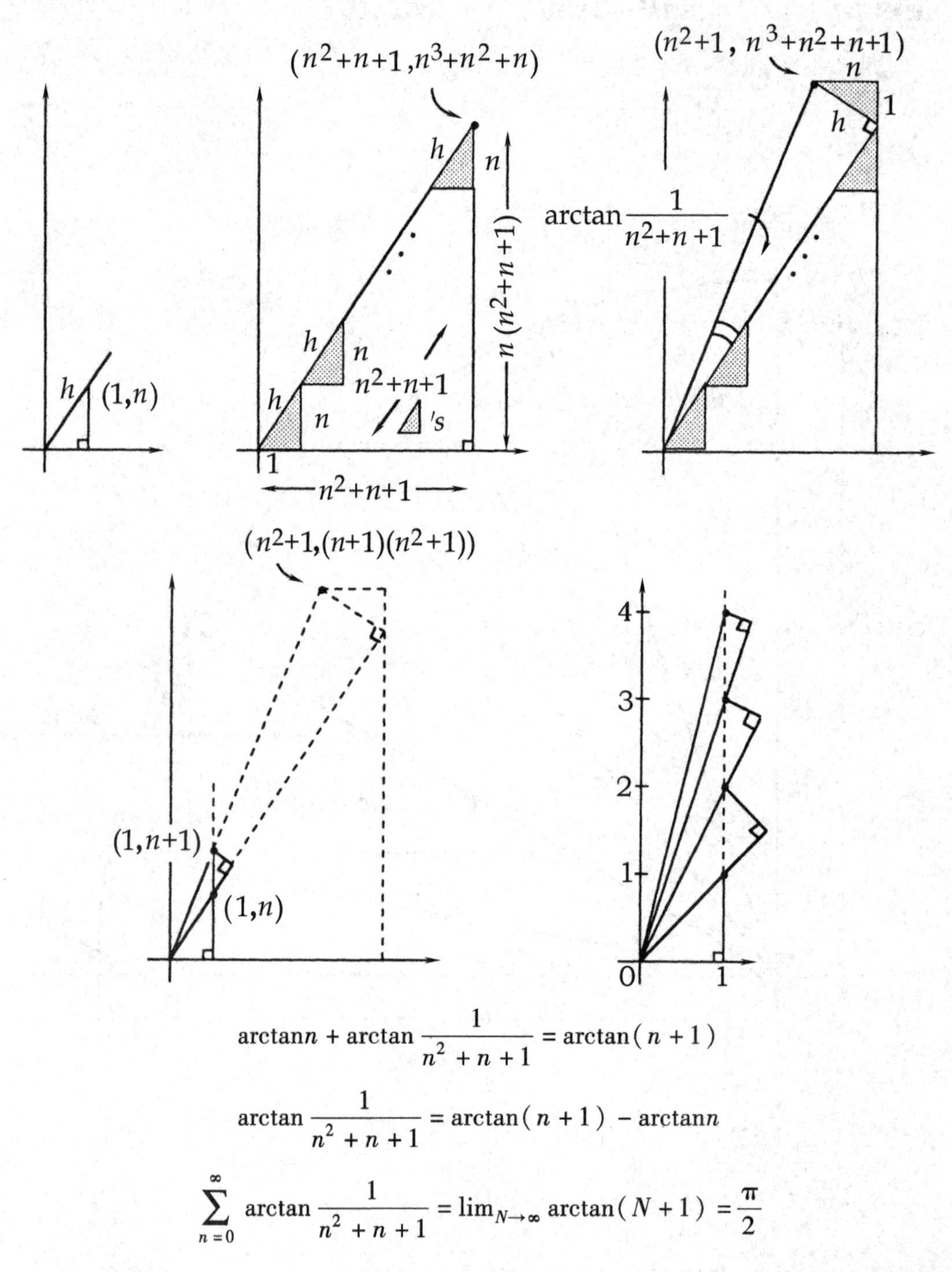

$$\arctan n+\arctan\frac{1}{n^2+n+1}=\arctan(n+1)$$

$$\arctan\frac{1}{n^2+n+1}=\arctan(n+1)-\arctan n$$

$$\sum_{n=0}^{\infty}\arctan\frac{1}{n^2+n+1}=\lim_{N\to\infty}\arctan(N+1)=\frac{\pi}{2}$$

——RBN

杂　　项

一个 2×2 的行列式是一个平行四边形的面积

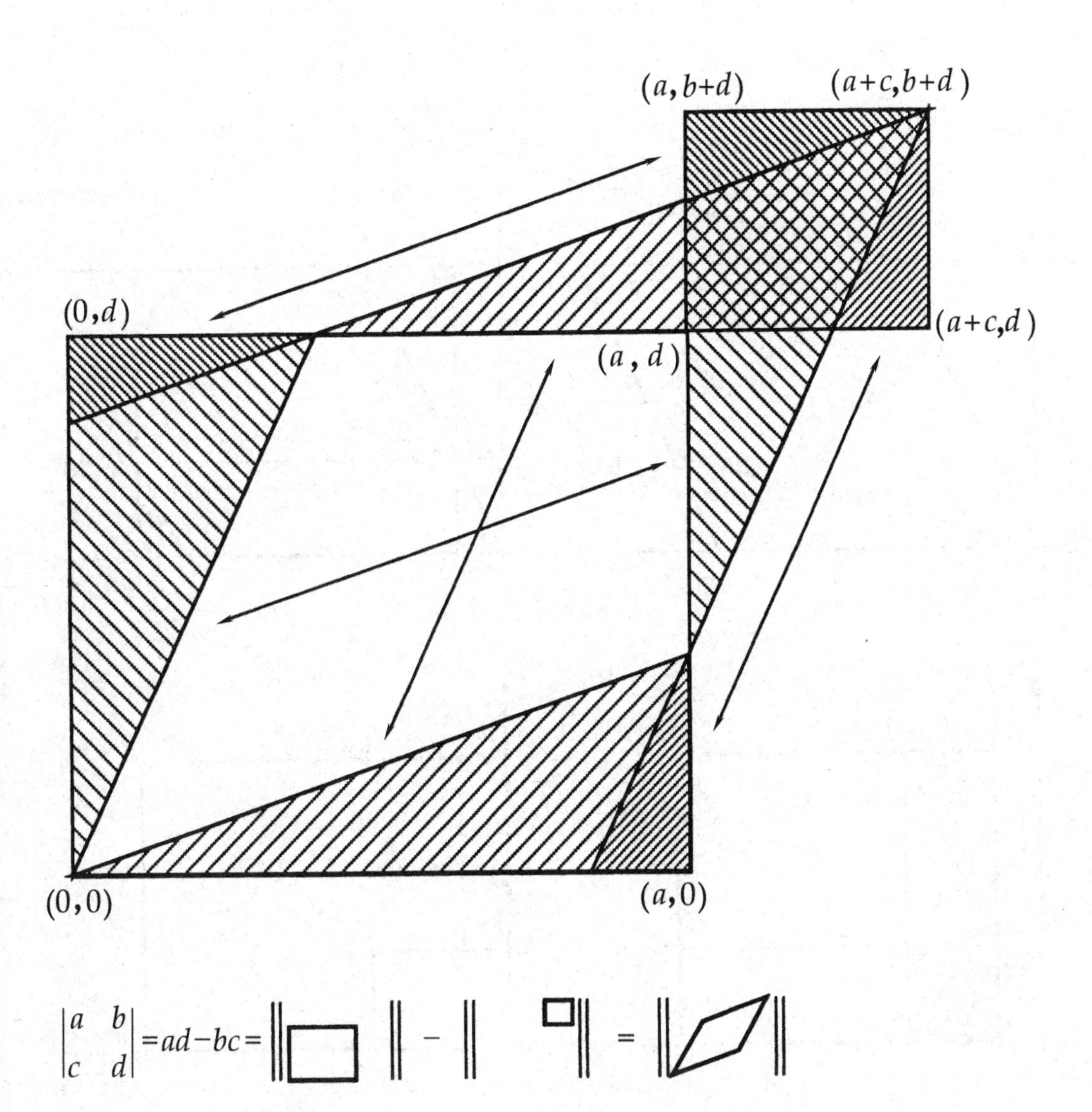

——所罗门 W. 戈隆布（Solomon W. Golomb）

向量（a，b）和（c，d）决定平行四边形的面积 $= \pm\begin{vmatrix} a & b \\ c & d \end{vmatrix} = \pm(ad - bc)$

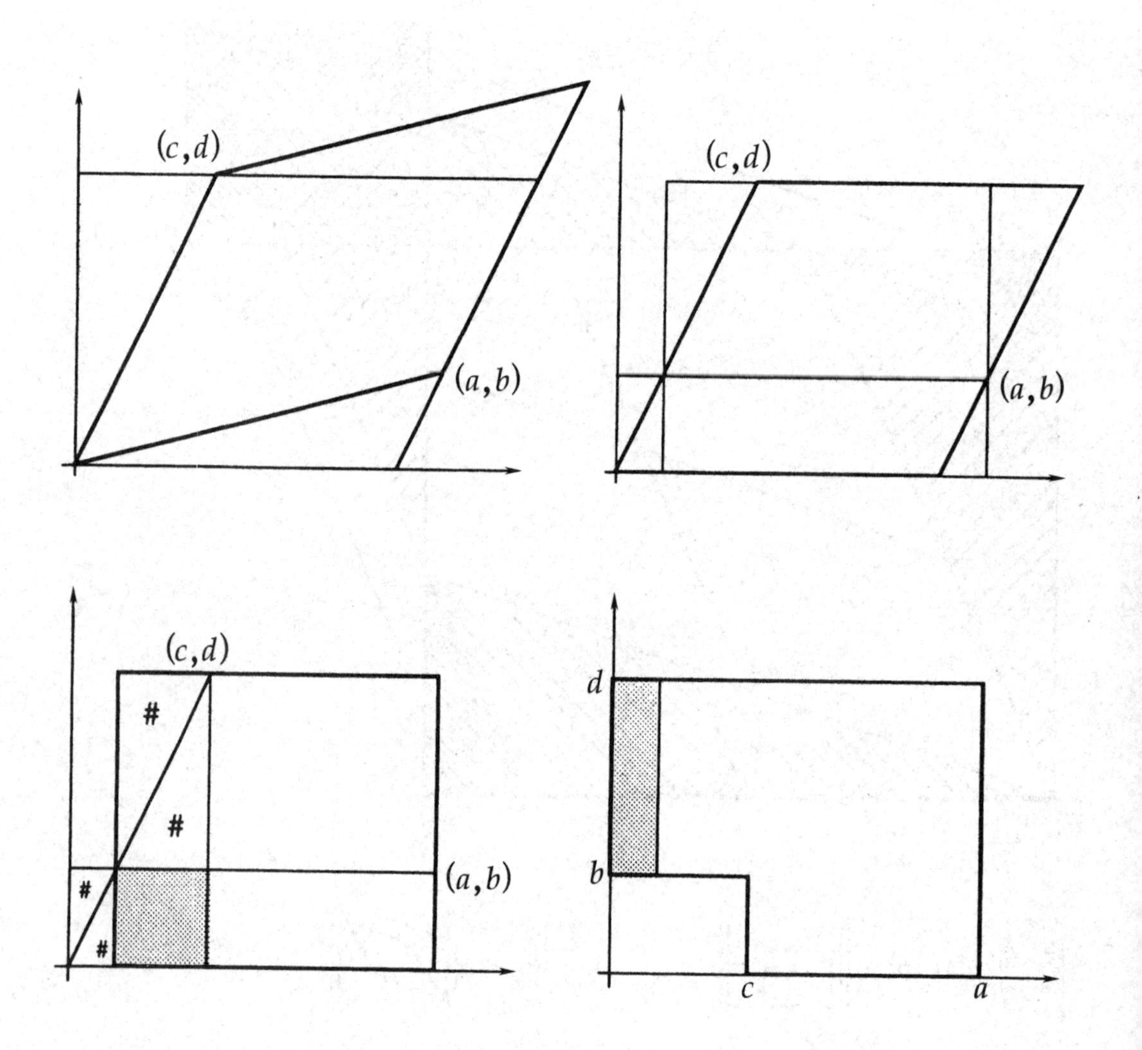

——约翰·大卫·高（Yihnan David Gau）

AB 和 *BA* 的特征多项式相等

$$-\lambda^n|AB-\lambda I| = \left|\begin{pmatrix} A & AB-\lambda I \\ \lambda I & 0 \end{pmatrix}\right| = \left|\begin{pmatrix} A & I \\ \lambda I & B \end{pmatrix}\begin{pmatrix} I & B \\ 0 & -\lambda I \end{pmatrix}\right| = \begin{vmatrix} A & I \\ \lambda I & B \end{vmatrix}(-\lambda)^n$$

$$-\lambda^n|BA-\lambda I| = \left|\begin{pmatrix} 0 & \lambda I \\ BA-\lambda I & \lambda B \end{pmatrix}\right| = \left|\begin{pmatrix} A & I \\ \lambda I & B \end{pmatrix}\begin{pmatrix} -I & 0 \\ A & \lambda I \end{pmatrix}\right| = \begin{vmatrix} A & I \\ \lambda I & B \end{vmatrix}(-\lambda)^n$$

——西尼 H. 昆（Sidney H. Kung）

任一梯形的面积的高斯求积法

$$\frac{1}{2}(b-a)(f(\bar{a})+f(\bar{b}))=\frac{1}{2}(b-a)(h(a)+h(b))$$

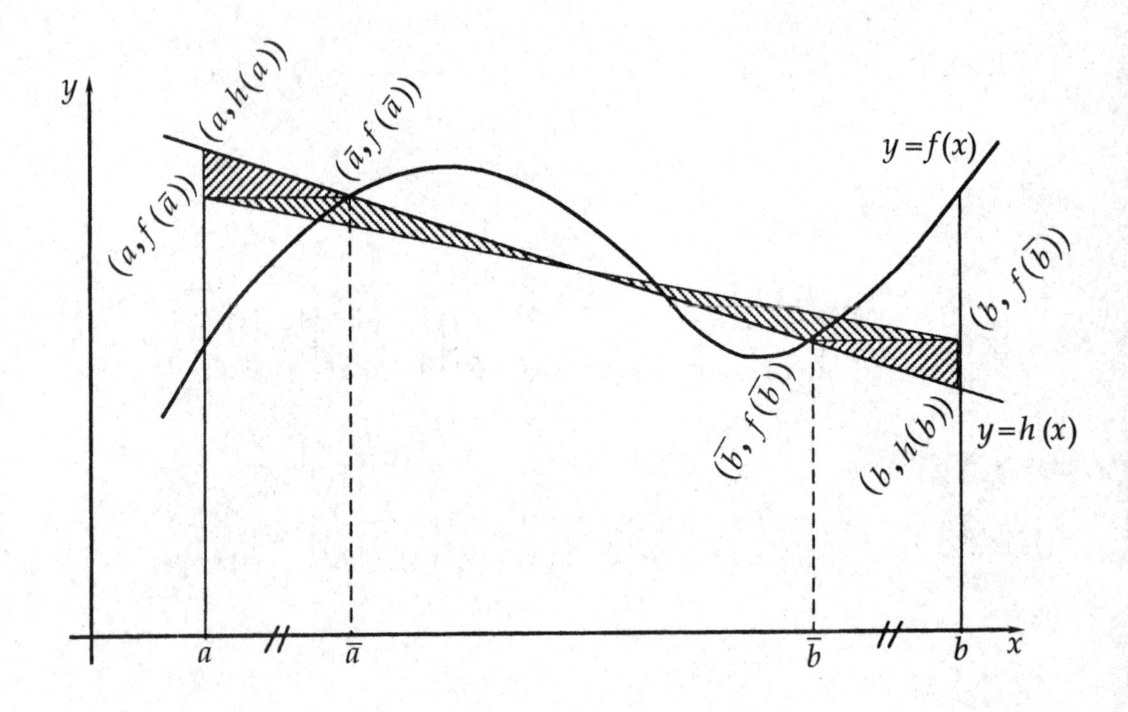

——迈克·阿克曼（Mike Akerman）

归纳构造一个无限大的棋盘可使皇后处在最大不受攻击的位置

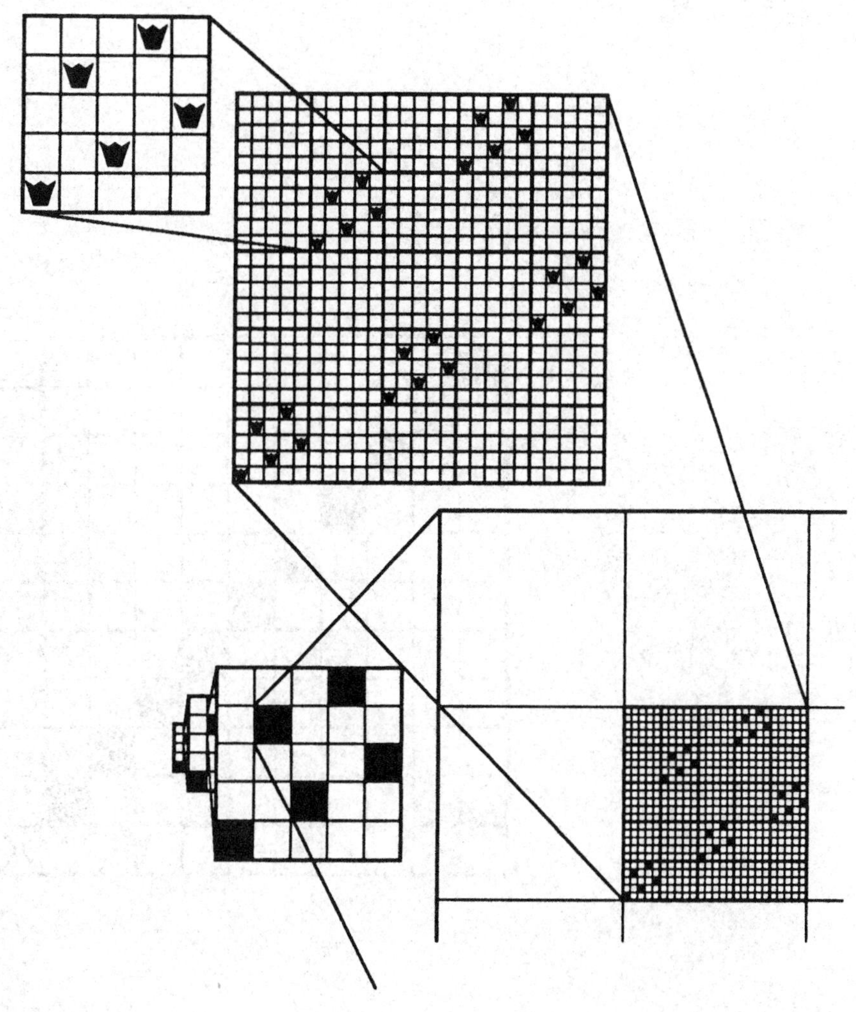

参考文献

1. Dean S. Clark and Oved Shisha, Invulnerable Queens on an Infinite Chessboard, *Annals of the New York Academy of Sciences*, *The Third International Conference on Combinatorial Mathematics*, 1989, 133-139.

2. M. Kraitchik, *La Mathématique des Jeux ou Récréations Mathématiques*, Imprimerie Stevens Frères, Bruxelles, 1930, 349-353.

——德安 S. 克拉克和奥韦德 · 史莎（Dean S. Clark, Oved Shisha）

组合恒等式

$$\binom{n}{2} = \frac{1}{2}\left(n^2 - n\right) = \sum_{i=1}^{n-1} i$$

$$\binom{n+1}{2} = \binom{n}{2} + n$$

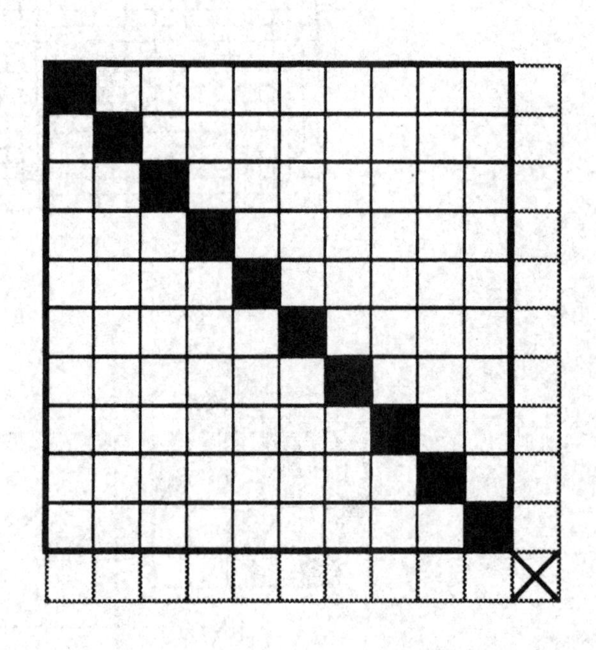

——詹姆斯 O. 希拉卡（James O. Chilaka）

$3\sum_{j=0}^{n}\binom{3n}{3j}=8^{n}+2(-1)^{n}$ 容斥原理在杨辉三角中的应用

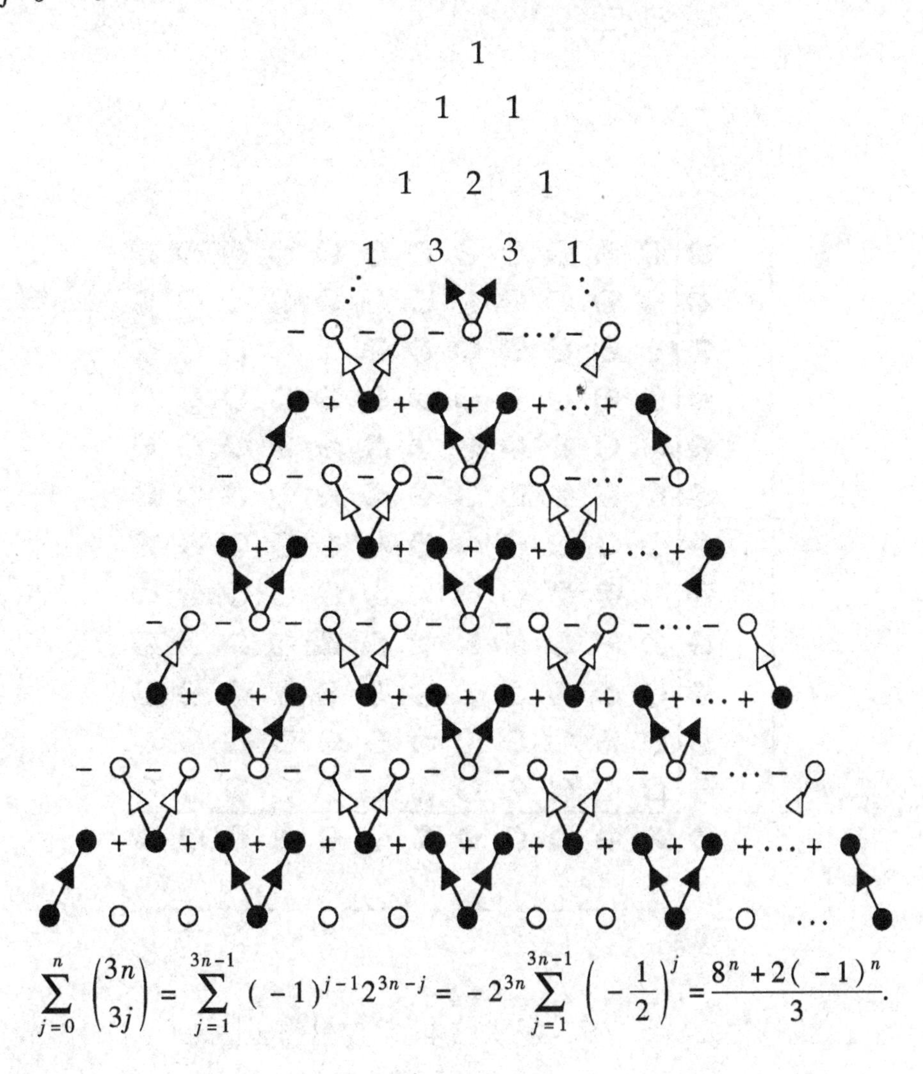

$$\sum_{j=0}^{n}\binom{3n}{3j}=\sum_{j=1}^{3n-1}(-1)^{j-1}2^{3n-j}=-2^{3n}\sum_{j=1}^{3n-1}\left(-\frac{1}{2}\right)^{j}=\frac{8^{n}+2(-1)^{n}}{3}.$$

——德安 S. 克拉克（Dean S. Clark）

译注：杨辉三角形，又称贾宪三角形，帕斯卡三角形，是二项式系数在三角形中的一种几何排列。求二项式展开式系数，用系数通项公式来计算，称为“式算”；用杨辉三角形来计算，称作“图算”。其中 $\binom{3n}{3j}=\mathrm{C}_{3n}^{3j}$ 是几何排列中的二项式系数。

存在无限多的毕达哥拉斯基元三元组

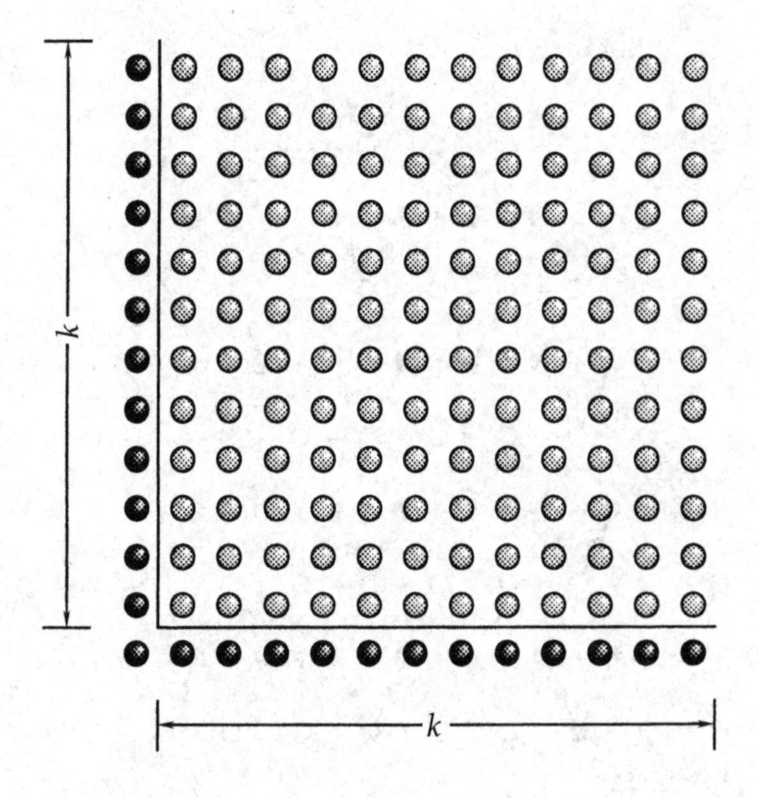

$$n^2=2k+1 \Rightarrow k^2+n^2=(k+1)^2 \text{且} (k, k+1)=1$$

——查尔斯·维德恩·埃因顿（Charles Venden Eynden）

由二倍角公式推毕达哥拉斯三元组

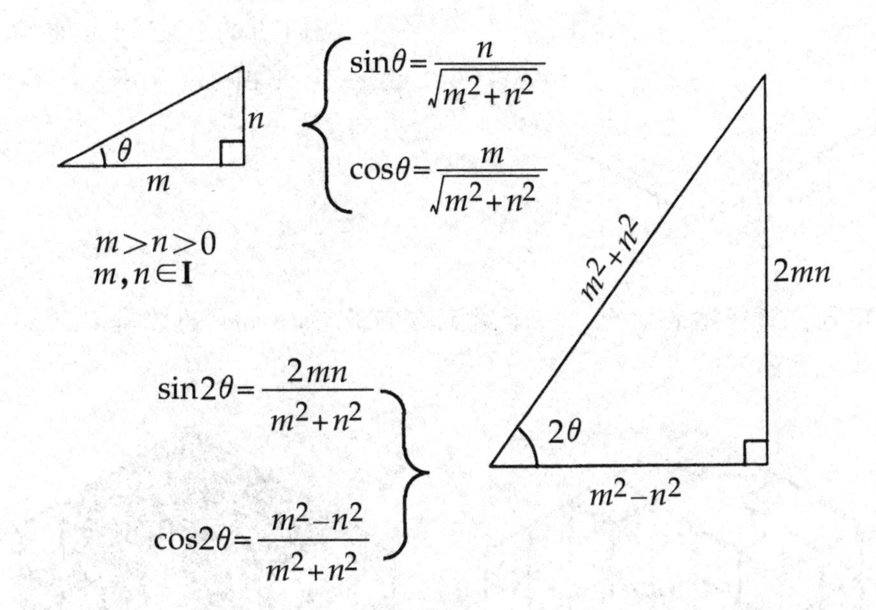

——大卫·休斯顿（David Houston）

一个 Calissons 问题

Calissons 是一种法国糖果，它由两个等边三角形沿边缘重合。Calissons 可以像一个正六边形的盒子形状，其填充提出了一个有趣的组合问题。假设一个侧面长度为 n 的盒子，充满了边长为 1 糖果。每个 Calisson 的短对角线平行于一对盒子边。

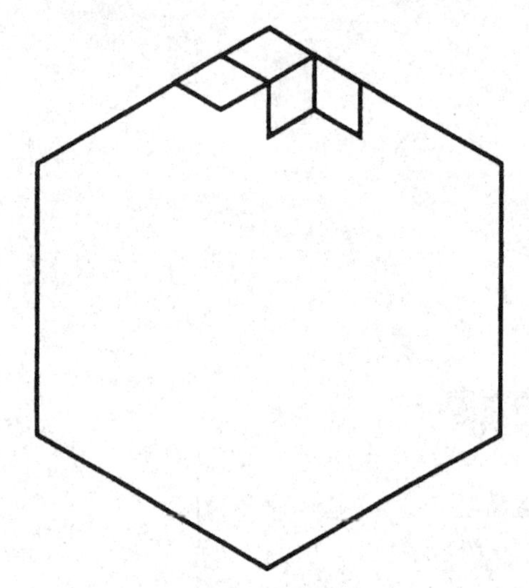

我们指的这三种可能性，是说一个 Calisson 有三个不同的方向。

定理：对任意的填充，一个给定方向的 Calissons 的数是 Calissons 在框中的总数的三分之一。

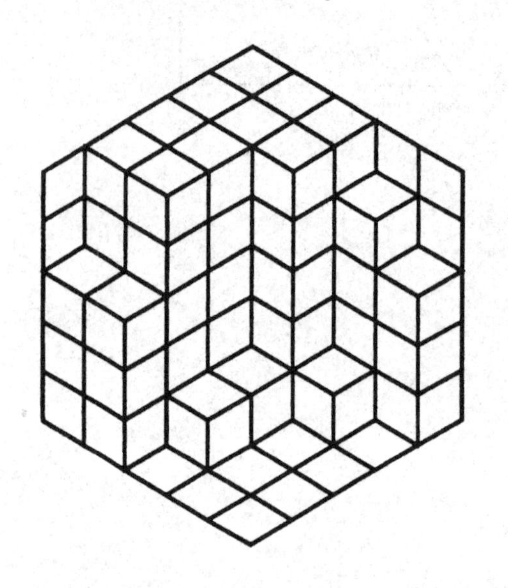

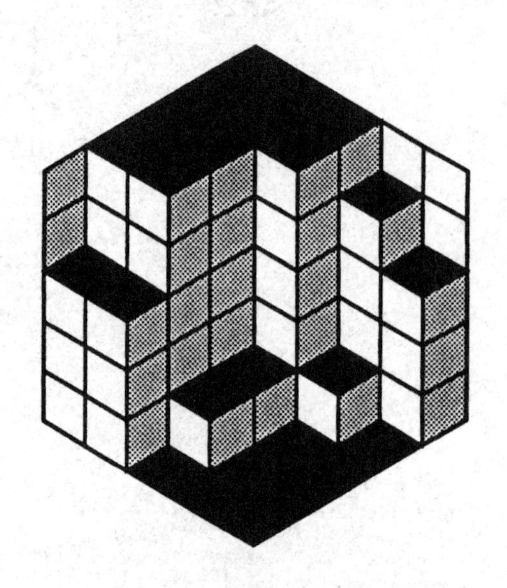

——盖·大卫和卡洛斯·托梅（Guy David and Carlos Tomei）

递归

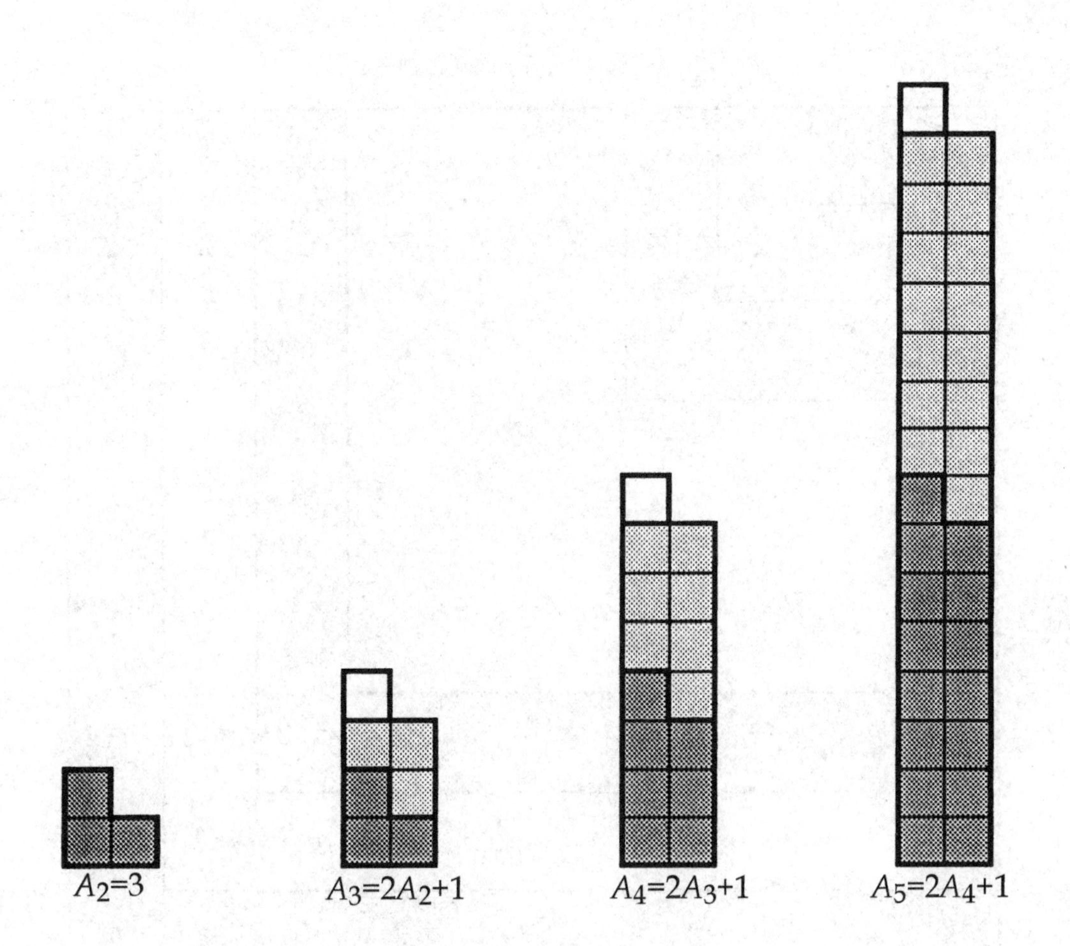

$$A_2 = 3 \text{ 且 } A_n = 2A_{n-1} + 1 \Leftrightarrow A_n = 2(2^{n-1}) - 1 = 2^n - 1$$

——雪莉 A. 威肯（Shirley A. Wakin）

$$\prod_{k=1}^{n} k^k \cdot k! = (n!)^{n+1}$$

1	1	1	1	·	·	·	1	1	1
2	2	2	2	·	·	·	2	2	2
3	3	3	3	·	·	·	3	3	3
·	·	·	·				·	·	·
·	·	·	·				·	·	·
·	·	·	·				·	·	·
$n-2$	$n-2$	$n-2$	·	·	·	·	$n-2$	$n-2$	$n-2$
$n-1$	$n-1$	$n-1$	·	·	·	·	$n-1$	$n-1$	$n-1$
n	n	n	·	·	·	·	n	n	n

$\longleftarrow n+1 \longrightarrow$

——爱德华 T. H. 王（Edward T. H. Wang）

文 献 索 引

几何与代数

3 Howard Eves, *Great Moments in Mathematics* (before 1650), The Mathematical Association of America, Washington, 1980, pp. 27-28.

4 Howard Eves, *Great Moments in Mathematics* (before 1650), The Mathematical Association of America, Washington, 1980, pp. 29-32.

5 Howard Eves, *Great Moments in Mathematics* (before 1650), The Mathematical Association of America, Washington, 1980, pp. 31, 33.

6 Howard Eves, *Great Moments in Mathematics* (before 1650), The Mathematical Association of America, Washington, 1980, pp. 29-30.

7 Howard Eves, *Great Moments in Mathematics* (before 1650), The Mathematical Association of America, Washington, 1980, pp. 34-36.

8 *College Mathematics Journal*, vol. 17, no. 5 (Nov. 1986), p. 422.

9 *College Mathematics Journal*, vol. 20, no. 1 (Jan. 1989), p. 58.

10 *Mathematics Magazine*, vol. 50, no. 3 (May 1977), p. 162.

11 *Mathematics Magazine*, vol. 48, no. 4 (Sept. -Oct. 1975), p. 198.

12 *College Mathematics Journal*, vol. 21, no. 5 (Nov. 1990), p. 393.

13 *Mathematics Magazine*, vol. 67, no. 5 (Dec. 1994), p. 354.

14 *College Mathematics Journal*, vol. 17, no. 4 (Sept. 1986), p. 338.

15 *Mathematics Magazine*, vol. 62, no. 3 (June 1989), p. 190.

16 *College Mathematics* Journal, vol. 22, no. 5 (Nov. 1991), p. 420.

17 *Mathematics Magazine*, vol. 66, no. 1 (Feb. 1993), p. 13.

18 *Mathematics Magazine*, vol. 65, no. 5 (Dec 1992), p. 356.

19 *Mathematics Magazine*, vol. 56, no. 2 (March 1983), p. 110.

20 *Mathematics Magazine*, vol. 57, no. 4 (Sept. 1984), p. 231.

21 *Mathematics Magazine*, vol. 64, no. 2 (April 1991), p. 138.

22 *Mathematics Magazine*, vol. 66, no. 3 (June 1993), p. 180.

23 *Mathematics Magazine*, vol. 64, no. 2 (April 1991), p. 114.

24 *Mathematics Magazine*, vol. 68, no. 2 (April 1995), p. 109.

25 *Mathematics Magazine*, vol. 67, no. 4 (Oct. 1994), p. 302.

三角，微积分与解析几何

29 *Mathematics Magazine*, vol. 64, no. 2 (April 1991), p. 97.

30 *Mathematics Magazine*, vol. 62, no. 5 (Dec. 1989), p. 317.

31 *Mathematics Magazine*, vol. 61, no. 4 (Oct. 1988), p. 259.

32 *Mathematics Magazine*, vol. 63, no. 5 (Dec. 1990), p. 342.

33 *Mathematics Magazine*, vol. 64, no. 2 (April 1992), p. 103.

34 *College Mathematics Journal*, vol. 20, no. 1 (Jan. 1989), p. 51.

35 *American Mathematics Monthly*, vol. 49, no. 5 (May 1942), p. 325.

36 *Mathematics Magazine*, vol. 61, no. 5 (Dec. 1988), p. 281.

37 *Mathematics Magazine*, vol. 61, no. 2 (April 1988), p. 113.

38 *Mathematics Magazine*, vol. 62, no. 4 (Oct. 1989), p. 267.

39 *College Mathematics Journal*, vol. 18, no. 2 (March 1987), p. 141.

40 *Mathematics Magazine*, vol. 42, no. 1 (Jan. -Feb. 1969), p. 40-41.

41 *College Mathematics Journal*, vol. 16, no. 1 (Jan. 1985), p. 56.

42 Richard Courant, *Differential and Integral Calculus*, p. 219, copyright © 1937, Interscience. Reprinted by permission of John Wiley&Sons, Inc.

43 *College Mathematics Journal*, vol. 18, no. 1 (Jan. 1987), p. 52.

44 *Mathematics Magazine*, vol. 64, no. 3 (June 1991), p. 175.

45 *Mathematics Magazine*, vol. 66, no. 1 (Feb. 1993), p. 39.

不等式

49 *Mathematics Magazine*, vol. 50, no. 2 (March 1977), p. 98.

50 *Mathematics Magazine*, vol. 59, no. 1 (Feb. 1986), p. 11.

51 *College Mathematics Journal*, vol. 16, no. 3 (June 1987), p. 208.

52 *College Mathematics Journal*, vol. 19, no. 4 (Sept. 1988), p. 347.

53 *Mathematics Magazine*, vol. 60, no. 3 (June 1987), p. 158.

54 *College Mathematics Journal*, vol. 21, no. 3 (May 1990), p. 227.

55 *College Mathematics Journal*, vol. 20, no. 3 (May 1989), p. 231.

56 *Mathematics Magazine*, vol. 69, no. 1 (Feb. 1996), p. 64.

58 *Mathematics Magazine*, vol. 60, no. 3 (June 1987), p. 165.

59 *Mathematics Magazine*, vol. 64, no. 1 (Feb. 1991), p. 31.

60 *Mathematics Magazine*, vol. 63, no. 3 (June 1987), p. 172.

61 Ⅰ. Reprinted by permission from *Mathematics Teacher*, vol. 81, no. 1 (Jan. 1988), p. 63, author Li Changming, copyright © 1988 by The National Council of Teachers of

Mathematics, Inc.

Ⅱ. Mathematics Magazine, vol. 67, no. 1 (Feb. 1994), p. 34.

62 *Mathematics Magazine*, vol. 67, no. 5 (Dec. 1994), p. 374.

63 *Mathematics Magazine*, vol. 66, no. 1 (Feb. 1993), p. 65.

64 *Mathematics Magazine*, vol. 67, no. 1 (Feb. 1994), p. 20.

65 *Mathematics Magazine*, vol. 69, no. 3 (June 1996), p. 197.

66 *College Mathematics Journal*, vol. 24, no. 2 (March 1993), p. 165.

整数求和

69 *Scientific American*, vol. 229, no. 4 (Oct. 1973), p. 114.

70 *Mathematics Magazine*, vol. 57, no. 2 (March 1984), p. 104.

71 Reprinted by permission from *Historical Topics for the Mathematics Classroom*, p. 54, author Bernard H. Gundlach, copyright © 1969 by the National Council of Teachers of Mathematics, Inc.

73 *Mathematics Magazine*, vol. 64, no. 2 (April 1991), p. 103.

74 *Scientific American*, vol. 229, no. 4 (Oct. 1973), p. 115.

75 *Mathematics Magazine*, vol. 66, no. 3 (June 1993), p. 166.

76 *Mathematics Magazine*, vol. 59, no. 2 (April 1986), p. 92.

77 *Mathematics Magazine*, vol. 57, no. 2 (March 1984), p. 92.

78 *Scientific American*, vol. 229, no. 4 (Oct. 1973), p. 115.

College Mathematics Journal, vol. 22, no. 2 (March 1991), p. 124.

79 *College Mathematics Journal*, vol. 20, no. 3 (May 1989), p. 205.

80 *Mathematics Magazine*, vol. 56, no. 2 (March 1983), p. 90.

81 *College Mathematics Journal*, vol. 20, no. 2 (March 1989), p. 123.

82 Ⅰ. *Mathematics Magazine*, vol. 60, no. 5 (Dec. 1987), p. 291.

Ⅱ. *Mathematics Magazine*, vol. 65, no. 2 (April 1992), p. 90.

83 M. Bicknell & V. E. Hoggatt, Jr. (eds.), *A Primer for the Fibonacci Numbers*, The Fibonacci Association, San Jose, 1972, p. 147.

84 *Mathematics Gazette*, vol. 49, no. 368 (May 1965), p. 199.

85 *Mathematics Magazine*, vol. 50, no. 2 (March 1977), p. 74.

86 *Mathematics Magazine*, vol. 58, no. 1 (Jan. 1983), p. 11.

87 *Mathematics Magazine*, vol. 62, no. 4 (Oct. 1989), p. 259.

Mathematics Gazette, vol. 49, no. 368 (May 1965), p. 200.

88 *Mathematics Magazine*, vol. 63, no. 3 (June 1990), p. 178.

89 *Mathematics Magazine*, vol. 62, no. 5 (Dec. 1989), p. 323.

90 *Mathematics Magazine*, vol. 65, no. 3 (June 1992), p. 185.
91 *Mathematics Magazine*, vol. 68, no. 5 (Dec. 1995), p. 371.
92 *Mathematics Magazine*, vol. 65, no. 1 (Dec. 1992), p. 55.
93 *Mathematics Magazine*, vol. 66, no. 5 (Dec. 1993), p. 329.
94 *Mathematics Magazine*, vol. 63, no. 5 (Dec. 1990), p. 314.
95 *College Mathematics Journal*, vol. 23, no. 5 (Nov. 1992), p. 417.
96 Richard K. Guy, written communication.
97 *Mathematics Magazine*, vol. 62, no. 1 (Feb. 1989), p. 27.
98 *Mathematics Magazine*, vol. 62, no. 2 (April 1989), p. 96.
99 *College Mathematics Journal*, vol. 18, no. 4 (Sept. 1987), p. 318.
100 *Mathematics Magazine*, vol. 66, no. 5 (Dec. 1993), p. 325.
101 *Mathematics Magazine*, vol. 58, no. 4 (Sept. 1985), p. 203, 236.
102 *Mathematics Magazine*, vol. 63, no. 1 (Feb. 1990), p. 25.
103 *Mathematics Magazine*, vol. 55, no. 2 (March 1982), p. 97.
104 Richard K. Guy, written communication.
105 *Mathematics Magazine*, vol. 67, no. 4 (Oct. 1994), p. 293.
106 Richard K. Guy, written communication.
107 *Mathematics Magazine*, vol. 60, no. 5 (Dec. 1987), p. 327.
108 *Mathematics Magazine*, vol. 63, no. 4 (Oct. 1990), p. 225.
109 *American Mathematical Monthly*, vol. 95, no. 8 (Oct. 1988), pp. 701, 709.
110 *Mathematics Magazine*, vol. 66, no. 5 (Dec. 1993), p. 316.
111 *Mathematics Magazine*, vol. 63, no. 5 (Dec. 1990), p. 349.

数列与级数

115 *Mathematics Magazine*, vol. 68, no. 1 (Feb. 1995), p. 41.
116 *Mathematics Magazine*, vol. 67, no. 5 (Dec. 1994), p. 379.
117 *Mathematics Magazine*, vol. 66, no. 3 (June 1993), p. 179.
118 *Mathematics Magazine*, vol. 54, no. 4 (Sept. 1981), p. 201.
119 *Mathematics Magazine*, vol. 60, no. 3 (June 1987), p. 177.
120 *Mathematics Magazine*, vol. 61, no. 4 (Oct. 1988), p. 219.
121 *Mathematics Magazine*, vol. 67, no. 3 (June 1994), p. 230.
122 *Mathematics Magazine*, vol. 66, no. 4 (Oct. 1993), p. 242.
123 *Mathematics Magazine*, vol. 67, no. 3 (June 1994), p. 209.
124 *Mathematics Magazine*, vol. 62, no. 5 (Dec. 1989), pp. 332-333.
126 *Mathematics Magazine*, vol. 65, no. 5 (Dec. 1992), p. 338.

127 *Mathematics Magazine*, vol. 64, no. 3 (June 1991), p. 167.

128 *American Mathematical Monthly*, vol. 94, no. 6 (June-July. 1988), P. 541-42.

129 *Mathematics Magazine*, vol. 65, no. 2 (April 1992), p. 136.

130 *Mathematics Magazine*, vol. 64, no. 4 (Oct. 1991), p. 241.

杂项

133 *Mathematics Magazine*, vol. 58, no. 2 (March 1985), p. 107.

134 *Mathematics Magazine*, vol. 64, no. 5 (Dec. 1991), p. 339.

135 *Mathematics Magazine*, vol. 61, no. 5 (Dec. 1988), p. 294.

136 *Mathematics Magazine*, vol. 60, no. 2 (April 1987), p. 89.

137 *Mathematics Magazine*, vol. 61, no. 2 (April 1988), p. 98.

138 *Mathematics Magazine*, vol. 52, no. 4 (Sept. 1979), p. 206.

139 *Mathematics Magazine*, vol. 63, no. 1 (Feb. 1990), p. 29.

140 *Elementary Number Theory*, Random House, New York, 1987, P. 227.

141 *Mathematics Magazine*, vol. 67, no. 3 (June 1994), p. 187.

142 *American Mathematical Monthly*, vol. 96, no. 5 (May 1988), pp. 429-30.

143 *Mathematics Magazine*, vol. 62, no. 3 (June 1989), p. 172.

144 *College Mathematics Journal*, vol. 20, no. 2 (March 1989), p. 152.

英文人名索引

中文人名索引